Liza Wittenberg-Voges

Einfluss der α2-Adrenorezeptor Agonisten Xylazin und Dexmedetomidin allein und in Kombination mit dem peripheren α2-Adrenorezeptor Antagonisten MK-467 auf die Mikroperfusion und Oxygenierung des Gastrointestinaltrakts des Pferdes in Allgemeinanästhesie

Cuvillier Verlag Göttingen
Internationaler wissenschaftlicher Fachverlag

Bibliografische Information der Deutschen Nationalbibliothek
Die Deutsche Nationalbibliothek verzeichnet diese Publikation in der Deutschen Nationalbibliografie; detaillierte bibliografische Daten sind im Internet über http://dnb.d-nb.de abrufbar.

1. Aufl. - Göttingen : Cuvillier, 2017
Zugl.: Hannover (TiHo), Univ., Diss., 2017

Nonnenstieg 8, 37075 Göttingen
Telefon: 0551-54724-0
Telefax: 0551-54724-21
www.cuvillier.de

1. Auflage, 2017
Gedruckt auf umweltfreundlichem, säurefreiem Papier aus nachhaltiger Forstwirtschaft.

ISBN 978-3-7369-9668-7
eISBN 978-3-7369-8668-8

Tierärztliche Hochschule Hannover

Einfluss der α2-Adrenorezeptor Agonisten Xylazin und Dexmedetomidin allein und in Kombination mit dem peripheren α2-Adrenorezeptor Antagonisten MK-467 auf die Mikroperfusion und Oxygenierung des Gastrointestinaltrakts des Pferdes in Allgemeinanästhesie

INAUGURAL – DISSERTATION

Zur Erlangung des Grades einer Doktorin der Veterinärmedizin

- Doctor medicinae veterinariae -

(Dr. med. vet.)

vorgelegt von

Liza Wittenberg-Voges

Peine

Hannover 2017

Wissenschaftliche Betreuung: Prof. Dr. Sabine Kästner

Klinik für Pferde
Stiftung Tierärztliche Hochschule Hannover

1. Gutachter: Prof. Dr. Kästner
2. Gutachter: Prof. Dr. Kietzmann

Tag der mündlichen Prüfung: 20.09.2017

In Dankbarkeit meinen Eltern gewidmet

Inhaltsverzeichnis

Abkürzungsverzeichnis

AU	Arbitary Units
CI	Herzauswurfindex
CO	Herzauswurf
CO_2	Kohlenstoffdioxid
DO_2	Sauerstoffzufuhr
DPF	Differential path length factor
DTI	Dauertropfinfusion
$E_T CO_2$	Endexspiratorischer Kohlenstoffdioxidgehalt
E_T Iso	Endexspiratorischer Isoflurangehalt
EKG	Elektrokardiogramm
Flow	Blutfluss
i.v.	intravenös
KGW	Körpergewicht
LDF	Laser-Doppler-Fluxmetrie
MAC	Minimale alveoläre Konzentration
MAP	Mittlerer arterieller Blutdruck
NIRS	Nahinfrarotspektroskopie
OPS	Orthogonal polarsation spectral imagine
$PaCO_2$	arterieller Kohlenstoffdioxidpartialdruck
PaO_2	arterieller Sauerstoffpartialdruck
PET	Positronen Emissions Tomographie
$P_{gap}CO_2$	CO_2-Partialdruck-Differenz (tonometrisch zu arteriell)
$PtCO_2$	intraluminale partielle CO_2-Druck
rHb	Relative Hämoglobin-Gehalt
SO_2	Gewebesauerstoffsättigung
SV	Schlagvolumen
SVI	Schlagvolumenindex
SvO_2	Gemischtvenöse Sauerstoffsättigung
SVR	Systemischer Gefäßwiderstand
VO_2	Sauerstoffverbrauch

1 Einleitung

Die Aufrechterhaltung einer ausreichenden Perfusion und damit Sauerstoffversorgung des Gewebes ist ein wichtiges Ziel während der Allgemeinanästhesie auch bei Pferden. Viele Faktoren wie die Lagerung während der Anästhesie, das Anästhetikum selbst, das große Eigengewicht der Pferde und eine maschinelle Beatmung beeinflussen die Perfusion des Gewebes negativ (EDNER et al. 2002; EDNER et al. 2005; RAISIS et al. 2005).

α_2-Adrenorezeptoragonisten (α_2-Agonisten) werden häufig zur Prämedikation und während der Anästhesie eingesetzt, um volatiles Anästhetikum einzusparen und für zusätzliche Analgesie zu sorgen (STEFFEY et al. 2000; GOZALO-MARCILLA et al. 2013; PÖPPEL et al. 2015). Allerdings haben sie einen negativen Einfluss auf das Herzminutenvolumen und die Gewebedurchblutung. Studien konnten zeigen, dass nach Verabreichung eines α_2-Agonisten der Gewebeblutfluss in unterschiedlichen Organen deutlich abnimmt (LAWRENCE et al. 1996a; ASANO et al. 1997; TALKE et al. 2000). Ein Effekt, der als Folge der vasokonstriktorischen Wirkung der α_2-Agonisten zustande kommt (ASANO et al. 1997).

Eine verminderte Durchblutung intestinaler Organe kann zu einer Schädigung der Blut-Darmbarriere führen und damit die Translokation von enteralen Bakterien bzw. Endotoxinen bedingen. Als Folge dessen können systemische Organschäden bis hin zum Multiorganversagen entstehen (DEITCH 1992; SCALIA et al. 1992).

Versuche an Schafen konnten zeigen, dass sich der negative Effekt der α_2-Agonisten auf die Gewebeperfusion durch den α_2-Antagonisten Atipamezol aufheben lässt. Hierbei wird jedoch auch die sedative Wirkung aufgehoben (TALKE et al. 2000).

Ziel dieser Studie war es, an Pferden zu untersuchen, ob die selektive Aufhebung der peripheren Effekte der α_2-Agonisten Xylazin und Dexmedetomidin während der Allgemeinanästhesie in der Lage ist, die intestinale Perfusion zu verändern. Hierzu wurde der peripher wirksame α_2-Antagonist MK-467 eingesetzt, um zu verhindern, dass auch der gewünschte, zentrale Effekt der α_2-Agonisten aufgehoben wird. Weiterhin sollte untersucht werden, ob ein Unterschied zwischen Xylazin und Dexmedetomidin im Hinblick auf die Perfusion und Oxygenierung des Magen-Darm-Trakts besteht und ob es einen Unterschied in der Reaktion auf den Antagonisten gibt.

2 Literaturübersicht

2.1 α_2-Agonisten

Die Gruppe der α_2-Agonisten fasst Wirkstoffe zusammen, die ihren Effekt über die Bindung an α_2-Adrenorezeptoren vermitteln. In der Pferdemedizin werden α_2-Agonisten zur Sedierung und Analgesie genutzt. Hierfür werden vor allem die Wirkstoffe Xylazin, Detomidin und Romifidin verwendet (ENGLAND et al. 1992), welche in Deutschland auch als für das Pferd zugelassene Präparate erhältlich sind.
Medetomidin und Dexmedetomidin sind zwei α_2-Agonisten, die in Deutschland für das Kleintier zugelassen sind und dort auch häufig eingesetzt werden. Für das Pferd existieren aber bisher keine zugelassenen Präparate.

2.1.1 α_2-adrenerge Rezeptoren

Adrenerge Rezeptoren vermitteln eine Vielzahl von Funktionen, sowohl im Bereich der peripheren Organe, als auch im zentralen Nervensystem. Ihre endogenen Liganden sind das Adrenalin und das Noradrenalin.
Die erste Klassifizierung der adrenotropen Rezeptoren und Unterteilung in α- und β-Adrenorezeptoren wurde 1948 vorgenommen (AHLQUIST 1948). Eine weitere Unterteilung der α-Adrenorezeptoren in α_1- und α_2-Rezeptoren wurde zunächst aufgrund ihrer anatomischen Lokalisation (prä- bzw. postsynaptisches Vorkommen) (LANGER 1974), dann wegen funktioneller Unterschiede (BERTHELSEN u. PETTINGER 1977) und später durch spezielle pharmakologische Subklassifizierung mit spezifischen Agonisten und Antagonisten durchgeführt.
Durch funktionelle-, Radioliganden- und Klonierungs-Studien wurden die α_2-Adrenorezeptoren (α_2-Rezeptoren) in weitere Subtypen unterteil (BYLUND et al. 1994): $\alpha_{2A/D}$, α_{2B} und α_{2C}. Hierbei stellt der α_{2D}-Rezeptor eine Speziesvariante des α_{2A}-Rezeptors dar und konnte bislang bei der Ratte nachgewiesen werden, während der α_{2A}-Adrenorezeptor bei Mensch und Schwein zu finden ist. Die beiden Rezeptormoleküle sind zwar strukturell sehr ähnlich, unterscheiden sich aber in ihrem Liganden-Bindungs-Profil. Dieser Unterschied wird auf die Substitution einer einzelnen Aminosäure zurückgeführt: Bei der Ratte befindet sich eine Serin-

Aminosäure an Position 201, beim Menschen hingegen eine Cystein-Aminosäure (LINK et al. 1992).

Die Wirkung der α_2-Rezeptoren wird über die Aktivierung von membranassoziierten G-Proteinen vermittelt. Auf molekularer Ebene besteht der α_2-Rezeptor aus sieben hydrophoben, die Zellmembran durchspannenden α-Helices und je drei hydrophilen, extrazellulären und drei intrazellulären Schleifen. Diese intrazellulären Anteile bilden auch die Verbindungstelle zum G-Protein (DOHLMAN et al. 1991; AANTAA et al. 1995).

Das G-Protein ist ein Heterotrimer, bestehend aus einer α-, β- und einer γ-Untereinheit. Bindet ein entsprechender Ligand am α_2-Rezeptor, so wird dieser in seiner Konformation verändert und ist dann in der Lage das G-Protein zu aktivieren. Das aktivierte G-Protein kann in der Folge Second-Messenger-Systeme beeinflussen oder direkt auf Ionenkanäle wirken. Es sind unterschiedliche Isoformen von G-Proteinen bekannt, wobei für den α_2-Adrenorezeptor eine Kopplung an G_i und G_o-Isoformen beschrieben ist (BIRNBAUMER et al. 1990). Die G_i-Isoform unterstützt die Hemmung der Adenylatzyklase, einem Enzym, das für die Bildung des zyklischen Adenosinmonophosphats (cAMP), einem sogenannten Second-Messenger, verantwortlich ist. Die G_o-Isoform hat hingegen keinen Einfluss auf die cAMP-Synthese (FREISSMUTH et al. 1989). Nicht alle Effekte der α_2-Rezeptoren werden auf diesem Weg vermittelt, denn z.B. der antinozizeptive Effekt bei der Aktivierung spinaler α_2-Rezeptoren scheint nicht von einer cAMP Synthese-Hemmung ausgelöst zu werden (UHLÉN et al. 1990). Weitere Mechanismen sind die Beeinflussung der Aktivität von an G-Protein gekoppelten Kalium-Kanälen, was z.B. die hypnotische Wirkung der α_2-Adrenorezeptor-Agonisten im zentralen Nervensystem bedingt (DOZE et al. 1990). Außerdem sind eine Verstärkung des Natrium-Wasserstoff-Ionenaustausches, eine vergrößerte Kalzium-Ionen-Verfügbarkeit und eine verstärkte Aktivität der Phospholipase-A_2 (AANTAA et al. 1995) beschrieben.

Die α_2-Rezeptoren kommen sowohl zentral als auch in der Peripherie vor. Im Gehirn ist z.B. im Vaguskern (*Nucleus dorsalis nervi vagi*), dem periaquäduktalen Grau, dem lateralen parabrachialen Kern und besonders im *Locus coeruleus* die Dichte an α_2-Rezeptoren hoch.

In der Peripherie sind α_2-Rezeptoren sowohl prä- als auch postsynaptisch angesiedelt. Die präsynaptischen α_2-Rezeptoren kommen auf vielen postganglionären sympathischen Neuronen vor und beeinflussen die Freisetzung des Neurotransmitters Noradrenalin. Eine Aktivierung dieser Rezeptoren führt über einen lokalen, negativen Feedback-Mechanismus zu einer Hemmung der stimulations-induzierten Neurotransmitterfreisetzung (ILLES u. NORENBERG 1987). Post- bzw. extrasynaptisch sind α_2-Adrenorezeptoren zum Beispiel in der glatten Gefäßmuskulatur lokalisiert (LANGER et al. 1980).

2.1.2 Xylazin

Xylazin ist ein Thiazinderivat (BERNARDIN et al. 1999), welches in den 1960'er Jahren entdeckt wurde und zunächst unter dem Namen Bay Va 1470 bzw. Bayer 1470 bekannt war (KRONEBERG et al. 1967; SAGNER et al. 1968). Seit 1968 wird es wegen seiner muskelrelaxierenden, sedativen und lokalanästhetischen Wirkung beim Tier eingesetzt (SAGNER et al. 1968). 1971 gelang Heise et. al der Nachweis, dass diese Effekte über einen α-Adrenorezeptor vermittelt werden (HEISE et al. 1971). Später stellte sich heraus, dass der Großteil der beobachteten Effekte durch die agonistische Wirkung von Xylazin am α_2-Adrenorezeptor-Subtyp ausgelöst werden. Im Gegensatz zu anderen α_2-Adrenorezeptor Agonisten ist Xylazin aber ein weniger selektiver Agonist mit einem α_1/α_2 Selektivitätsverhältnis von 1:160 (SAVOLA et al. 1986; VIRTANEN et al. 1988).

Xylazin wird in einer Dosierung von 0,5-1,1 mg/kg i.v. zur Sedierung für Eingriffe oder Diagnostik am stehenden Pferd (MUIR 2009) verwendet und zum Beispiel in einer Dosierung von 1 mg/kg/Std. als Dauertropfinfusion (DTI) während der Allgemeinanästhesie eingesetzt (PÖPPEL et al. 2015). Diese Untersuchung konnten zeigen, dass ein Xylazin Bolus zur Prämedikation mit anschließender DTI in dieser Dosierung, als Ergänzung zu einem volatilen Anästhetikum (Isofluran), ein klinisch geeignetes Narkoseprotokoll mit akzeptablen Herz-Kreislauf-Nebenwirkungen darstellte. Außerdem war so eine deutliche Einsparung von volatilem Anästhetikum möglich und der Bedarf an Dobutamin deutlich geringer als bei Pferden, die nur Isofluran erhielten (PÖPPEL et al. 2015).

Eine weitere Studie an stehend sedierten Pferden konnte zeigen, dass ein Xylazin-Bolus von 0,5 mg/kg gefolgt von einer DTI in einer Dosierung von 1 mg/kg/Std equisedativ zu einem Dexmedetomidin-Bolus von 3,5 µg/kg gefolgt von 7 µg/kg/Std als DTI ist (MUELLER et al. 2012).

2.1.3 Dexmedetomidin

Dexmedetomidin ist ein Enantiomer des Medetomidins, einem Imidazolderivat. Medetomidin ist ein potenter und, mit einem α_1/α_2 Selektivitätsverhältnis von 1:1620, ein selektiver Agonist am α_2-Adrenorezeptor (SAVOLA et al. 1986; VIRTANEN et al. 1988). Das Dexmedetomidin als sein D-Enatiomer stellt hierbei die pharmakologisch aktive Komponente dar (SAVOLA u. VIRTANEN 1991). In der Veterinärmedizin wird Dexmedetomidin vielseitig zur Sedierung und Prämedikation, vor allem im Kleintierbereich, eingesetzt. Für das Pferd ist beschrieben, dass mit einem Bolus von 3,5 µg/kg i.v. eine ausreichende Sedation zu erzielen ist (BETTSCHART-WOLFENSBERGER et al. 2005).

2.1.4 Hypnotische und analgetische Effekte der α_2-Agonisten

Das Auslösen von Hypnose, herabgesetzter motorische Aktivität und Analgesie sind bekannte Effekte von α_2-Agonisten (SAGNER et al. 1968; HOLMAN et al. 1971; CORREA-SALES et al. 1992; ENGLAND et al. 1992; STEFFEY et al. 2000).

Diese Effekte werden unter anderem über eine Beeinflussung von α_2-Adrenorezeptoren im *Locus coeruleus* vermittelt: Die spontane Aktivität noradrenerger Neurone im *Locus coeruleus* wird durch diese Rezeptoren beeinflusst, wahrscheinlich durch eine permanente, α_2-Adrenorezeptor-vermittelte Hemmung der neuronalen Entladungsrate. Kommt es zu einer Blockierung der dort lokalisierten α_2-Adrenorezeptoren, wird diese tonische Hemmung aufgehoben und die neuronale Aktivität gesteigert (SIMSON et al. 1988). Werden diese α_2-Rezeptoren allerdings aktiviert, kommt es zu einer Hyperpolarisation der neuronalen Zellmembranen, was eine verstärkte Hemmung der Noradrenalin-Ausschüttung aus Axon-Terminalen in Thalamus und Großhirnrinde nach sich zieht (ANDRADE u. AGHAJANIAN 1985). Dies führt dazu, dass weniger sensorischer Input diese Areale erreicht bzw. dort weniger intensiv wahrgenommen werden kann.

Die hypnotische Wirkung der α_2-Agonisten äußert sich beim Pferd unter anderem in einer verminderten Wahrnehmung und Reaktion auf äußere Reize, dem Senken des Kopfes und einem Hängen der Augenlider und der Lippen (ENGLAND et al. 1992).

Weiterhin wirken α_2-Agonisten analgetisch (ENGLAND u. CLARKE 1996) und üben ihren antinozizeptiven Effekt größtenteils über die direkte Aktivierung von spinalen α_2-Rezeptoren aus (HAMALAINEN u. PERTOVAARA 1995). Wird Noradrenalin

mikroiontrophoretisch auf das *Cornu dorsale* des Rückenmarks aufgebracht, wirkt es depressiv auf diese nozizeptiven Neurone (HEADLEY et al. 1978). α_2-Agonisten ahmen diese Wirkung nach und führen zu einem antinozizeptiven Effekt, indem sie die Hyperpolarisation der Zielzellen von primären, afferenten sensorischen Nervenfasern bedingen. Außerdem verhindern sie die Ausschüttung von exzitatorisch auf die nozizeptiven Neurone wirkenden Neurotransmittern, wie z.B. Substanz P (KURAISHI et al. 1985).
α_2-Agonisten weisen eine speziell viszero-analgetische Wirkung auf: Xylazin wirkt bei viszeralen Schmerzen, ausgelöst durch die Distension eines im Zäkum eines Pferdes befindlichen Ballons, stärker und länger analgetisch als zum Beispiel das Opioid Butorphanol (MUIR u. ROBERTSON 1985).
Werden α_2-Agonisten als Bolus oder DTI mit volatilen Anästhetika kombiniert, kann damit die minimale alveoläre Konzentration (MAC) des Anästhetikums stark gesenkt werden. Dies konnte unter anderem für die Kombination von Xylazin mit Isofluran (STEFFEY et al. 2000) sowie die Kombination von Dexmedetomidin mit Sevofluran (GOZALO-MARCILLA et al. 2013) beim Pferd gezeigt werden.

2.1.5 Kardiovaskuläre Effekte der α_2-Agonisten

α_2-Agonisten führen dosisabhängig zu einer Senkung der Herzfrequenz. Über die Aktivierung zentraler α_2-Rezeptoren in der ventrolateralen Medulla kommt es zu einer verminderten Sympathikus-Aktivität, einem erhöhten Vagustonus, sowie einer Steigerung der Baroreflexaktivität. Ein Absinken der Herzfrequenz (ANTONACCIO et al. 1973) bis hin zur Bradykardie wird beobachtet. Außerdem wird das Auftreten von Bradyarrhythmien wie artrioventrikulären Blöcken begünstigen (SAVOLA u. VIRTANEN 1991; YAMASHITA et al. 2000).
Werden α_2-Agonisten intravenös (i.v.) verabreicht kommt es unmittelbar nach der Applikation zu einem transienten Blutdruckanstieg und im Anschluss zu einem länger anhaltenden Blutdruckabfall. Die initiale Hypertension wird durch die Aktivierung peripherer, extrasynaptischer α_2-Adrenorezeptoren ausgelöst (LANGER u. SHEPPERSON 1982; RUFFOLO et al. 1993; BRYANT et al. 1998), denn bei der direkten, zentralen Applikation von α_2-Agonisten in das zentrale Nervensystem kann sie nicht beobachtet werden (RUFFOLO JR et al. 1982). Der Blutdruckanstieg erklärt sich über eine Zunahme des systemischen Gefäßwiderstands. Ausgelöst wird dieser

Anstieg durch einen erhöhten Tonus der Gefäßmuskulatur und die damit einhergehende Vasokonstriktion. Die Aktivierung der extrasynaptischen, in der glatten Gefäßmuskulatur lokalisierten α_2-Rezeptoren steigert den transmembranösen Kalzium-Influx in die glatten Gefäßmuskelzellen. Dies führt über die Anregung zellulärer, kontraktiler Proteine zur Konstriktion der Gefäße (VAN ZWIETEN et al. 1986).

Die auf die Hypertension folgende Hypotension wird im Gegensatz dazu von zentralen, postsynaptischen α_2-Adrenorezeptoren im Hirnstamm vermittelt (KOBINGER u. PICHLER 1976). Zusätzlich wirken α_2-Agonisten negativ inotrop und führen zu einer Verringerung des Schlagvolumens. Dieser Effekt wird vermutlich nicht über eine direkte Wirkung auf das Myokard ausgelöst, sondern indirekt über eine Verminderung der zentralen Noradrenalin-Ausschüttung und damit eine Senkung des Sympathikotonus (ENGLAND u. CLARKE 1996; BETTSCHART-WOLFENSBERGER et al. 2005). Hierbei kann es zu einer Verringerung des Herzminutenvolumens um 25% bis 40 % kommen (SINGH et al. 1997).

2.1.6 Effekte auf die Mikroperfusion

Lawrence et al. untersuchte den Einfluss von Dexmedetomidin auf die Organperfusion bei Hunden in Allgemeinanästhesie. Es konnte festgestellt werden, dass es zu einer Reduktion der Organperfusion kam. Dosisabhängig kam es zu einer Abnahme des Blutflusses um bis zu 50% in der Haut, 25 % in der Niere und bis zu 90% im Bereich arterio-venöser Anastomosen (LAWRENCE et al. 1996a). Untersuchungen an Schafen lieferten ähnliche Resultate: Nach der Applikation von Medetomidin kam es zu einer signifikanten Reduktion des Blutflusses in diversen Organen wie Muskel, Niere, Darm und Haut (TALKE et al. 2000).

Am Herzen kann eine Umverteilung des Blutflusses von epikardialen hin zu den endokardialen Schichten der ventrikulären Wand und ein Absinken des Energie- und Sauerstoffbedarfs beobachtet werden (LAWRENCE et al. 1996b).

Auch beim Pferd konnten ähnliche Ergebnisse für die Verabreichung von Detomidin während der Allgemeinanästhesie erhoben werden: Hier reduzierte sich die Muskelperfusion um ca. 34% und die Perfusion der Haut um bis zu 70%. Diese Perfusionsveränderungen stellten sich ebenfalls als blutdruckunabhängige Folgen des verminderten Herzauswurfs dar (EDNER et al. 2002).

2.1.7 Effekte auf den Gastrointestinaltrakt

Im Gastrointestinaltrakt befinden sich α_2-Adrenorezeptoren präsynaptisch auf cholinergen Neuronen. Hier hemmen sie bei Aktivierung die Freisetzung von Acetylcholin, einem exzitatorisch auf den Magendarmtrakt wirkenden Neurotransmitter. Sie führen somit zu einer Abnahme der Magen- und Darmkontraktilität, sowie einer Verringerung der vagal-vermittelten Magensäuresekretion (JENNEWEIN 1977; DREW 1978). So führt die Verabreichung von Detomidin beim Pferd zu einer Verminderung der auskultierbaren Darmgeräusche (VAINIONPAA et al. 2013). Weiterhin konnte bei Ratten gezeigt werden, dass der α_2-Agonist Clonidin die Propulsion des Colons hemmt (PENDLETON et al. 1986).

In einem *in-vitro*-Modell wurden Xylazin, Detomidin und Medetomidin am Pferde-Jejunum getestet. Alle drei α_2-Agonisten hatten hier konzentrationsabhängig einen hemmenden Effekt auf spontane und elektrisch ausgelöste Darmkontraktionen (ZULLIAN et al. 2011).

2.1.8 Unterschiede zwischen Xylazin und Dexmedetomidin

Obwohl Xylazin und Dexmedetomidin als α_2-Agonisten der gleichen Wirkstoffgruppe angehören, gibt es einige Unterschiede: Beide Stoffe vermitteln ihre Wirkung hauptsächlich über den α_2-Adrenorezeptor, allerdings kann Dexmedetomidin als Imidazolderivat auch an Imdidazolrezeptoren binden. Es gibt zwei Typen von Imidazolrezeptoren, die I1- und I2-Imdidazolrezeptoren, wovon der I1-Rezeptor an der Blutdruckregulation beteiligt ist. Es gibt Hinweise, dass die Aktivierung dieser I1-Rezeptoren teilweise für die hypotensive Wirkung von α_2-Agonisten wie dem Dexmedetomidin verantwortlich ist (ERNSBERGER et al. 1987).

Außerdem weist das Xylazin eine weniger starke α_2-Rezeptor-Selektivität auf als das Dexmedetomidin und bindet so auch zu einem Anteil an α_1-Adrenorezeptoren (VIRTANEN et al. 1988).

Für Xylazin (0.6 mg/kg) ist eine systemische Halbwertszeit von 50 min nach i.v. Applikation für das Pferd beschrieben (GARCIA-VILLAR et al. 1981). Bei Ponys, die einen Bolus von 3,5 µg/kg Dexmedetomidin i.v. erhielten wurde eine Halbwertszeit von nur 20 Minuten (adulte Ponys) bzw. 30 Minuten (geriatrische Ponys) ermittelt (BETTSCHART-WOLFENSBERGER et al. 2005).

Verschiedene Studien zeigten, dass in sedativen Dosen die kardiovaskulären Parameter durch Dexmedetomidin weniger lange beeinflusst werden als durch Xylazin. Bei Pferden, die Xylazin in einer Dosierung von 1 mg/kg i.v. erhielten, kam es zu einer Senkung der Herzfrequenz und des Herzminutenvolumens über einen Zeitraum von bis zu 40 Minuten (YAMASHITA et al. 2000). Nach der Verabreichung von Dexmedetomidin in einer Dosierung von 5 µg/kg i.v. waren hingegen bereits 20 Minuten nach der Applikation wieder Baselinewerte der Herzfrequenz erreicht (REZENDE et al. 2015). In geringerer Dosierung (3,5 µg/kg i.v.) war kein signifikanter Abfall der Herzfrequenz festzustellen und der Herzminutenvolumen-senkende Effekt hielt nur 10 Minuten an (BETTSCHART-WOLFENSBERGER et al. 2005).

Auch der zentral vermittelte Blutdruckabfall war bei der Verabreichung von 3,5 µg/kg (i.v.) Dexmedetomidin kurz: nur für 45 Minuten kam es zu einer statistisch signifikanten Blutdrucksenkung (BETTSCHART-WOLFENSBERGER et al. 2005), während der Effekt von zum Beispiel 1 mg/kg Körpergewicht (KGW) Xylazin i.v. bis zu 80 Minuten anhielt (YAMASHITA et al. 2000).

In Bezug auf ihre sedativen Eigenschaften stellt sich das Dexmedetomidin als doppelt so potent dar wie sein Racemat Medetomidin (SAVOLA u. VIRTANEN 1991) und deutlich potenter als Xylazin. Eine Studie an Pferden zeigte, dass ein Dexmedetomidinbolus von 3,5 µg/kg i.v. gefolgt von einer DTI mit der Rate 7 µg/kg/Std equisedativ zu einem Xylazinbolus von 0,5 mg/kg i.v. gefolgt von einer DTI mit der Infusionsrate 1 mg/kg/Std war (MÜLLER et al. 2012).

2.2 MK-467

MK-467 ist ein, auch als L-659,006 bekanntes, spirozyklisch substituiertes Benzofuroquinolizin. Es wirkt als α-Adrenorezeptorantagonist mit einer Spezifität für α_2-Rezeptoren. Aufgrund seiner geringen Lipophilie penetriert es die Blut-Hirnschranke nur geringfügig (SAVOLA et al. 1986; CLINESCHMIDT et al. 1988) und wirkt hauptsächlich an den peripheren α_2-Rezeptoren, was es von anderen α_2-Antagonisten unterscheidet. Mit einem α_1/α_2 Selektivitätsverhältnis von 1:105 (CLINESCHMIDT et al. 1988) ist es allerdings deutlich weniger selektiv als zum

Beispiel Atipamezol (α_1/α_2 Selektivitätsverhältnis von 1:8526) (VIRTANEN et al. 1989).

2.2.1 Kardiovaskuläre und intestinale Effekt von MK-467

Allein verabreicht stellen sich die Auswirkungen von MK-467 auf das Herzkreislaufsystem bei der Ratte als dosisabhängiger Anstieg der Herzfrequenz und Absinken des mittleren arteriellen Blutdrucks dar (SZEMEREDI et al. 1989).
Eine Untersuchung zur Wirkung von MK-467 bei Hunden zeigte, dass es zu einer Erhöhung der Herzfrequenz und des Herzminutenvolumens, der diastolischen und mittleren koronaren Blutflussgeschwindigkeit, einer Verringerung des systemischen Gefäßwiderstands, sowie einem gesteigerten Sauerstoffangebot im Gewebe kam. Ein Einfluss auf den mittleren arteriellen Blutdruck konnte hingegen nicht beobachtet werden (PAGEL et al. 1998).
Eine Studie an Pferden und Schafen konnte nach der Applikation von MK-467 (264 µg/kg) keine Steigerung der Herzfrequenz beobachten. Weiterhin hatte die Verabreichung von MK-467 bei den Pferden keine Auswirkung auf den mittleren arteriellen Blutdruck, während sich beim Schaf eine signifikante Erhöhung des mittleren arteriellen Blutdrucks zeigte (BRYANT et al. 1998).
In einer anderen Untersuchung an Pferden konnte allerdings eine signifikante Steigerung der Herzfrequenz nach der Verabreichung von 200 µg/kg MK-467 gezeigt werden. Zusätzlich fiel ein häufigerer Kotabsatz und bei zwei Tieren geringgradige Koliksymptome (Unruhe, zum Bauch treten) auf (DE VRIES et al. 2016).
Erbrechen, gastrointestinales Unwohlsein und Krämpfe des Abdomens sind als unerwünschte Wirkungen bei der alleinigen Verabreichung von MK-467 beim Menschen bekannt (SCHAFERS et al. 1992). Dies erklärt sich über eine Blockade der im Gastrointestinaltrakt befindlichen α_2-Adrenorezeptoren, deren Aktivierung sowohl beim Mensch als auch beim Tier eine Herabsetzung der Darmmotilität bewirkt (PENDLETON et al. 1986; VIRAMONTES et al. 2001).

2.2.2 Einfluss von MK-467 auf die Wirkung von α_2-Agonisten

MK-467 wurde in Kombination mit verschiedenen α_2-Agonisten getestet, um vor allem den Einfluss auf die unerwünschten Wirkungen der α_2-Agonisten zu untersuchen, aber auch um die Auswirkung auf den sedativen Effekt zu überprüfen.

MK-467 führt dosisabhängig zu einer Reduzierung der durch α_2-Agonisten ausgelösten Bradykardie (HONKAVAARA et al. 2008; ROLFE et al. 2012; VAINIONPAA et al. 2013). Eine Studie, die die Kombination von MK-467 (250 µg/kg) und Detomidin zur Sedierung von Pferden nutzte, zeigte, dass zusätzlich das Entstehen von Bradyarrhythmien (artrioventrikuläre Blöcke) verhindert werden konnte (VAINIONPAA et al. 2013). Dieser Wirkung des MK-467 wird vermutlich über zwei Mechanismen vermittelt: Die Blockade präsynaptischer α_2-Adrenorezeptoren führt zu einem Anstieg der Noradrenalinausschüttung und damit zu einer Steigerung der Herzfrequenz. Gleichzeitig werden auch vaskuläre, postsynaptische α_2-Adrenorezeptoren blockiert, was zu einer Vasodilatation und einer Senkung des mittleren arteriellen Blutdrucks führt. Dies bedingt eine erhöhte Sympatikusaktivität und führt ebenfalls zu einer vermehrten Noradrenalinausschüttung, was zu einem Anstieg der Herzfrequenz führt. In Kombination mit α_2-Agonisten verhindert der Antagonist vermutlich eine Bindung an diese prä- und postsynaptischen α_2-Rezeptoren und wirkt so dem herzfrequenzsenkenden Effekt der α_2-Agonisten entgegen (SZEMEREDI et al. 1989)

Weiterhin konnten Studien zeigen, dass MK-467 den durch α_2-Agonisten bedingten initialen Anstieg des mittleren arteriellen und zentralvenösen Blutdrucks reduziert. Ein Einfluss auf die später einsetzende hypotensive Phase war hingegen in keiner der Studien zu beobachten (HONKAVAARA et al. 2011; VAINIONPAA et al. 2013). Die Autoren schlussfolgerten, dass MK-467 hier den frühen Anstieg des systemischen Gefäßwiderstands und somit den Anstieg des Blutdrucks verhinderte, aber auf den zentral vermittelten, hypotensiven Effekt der α_2-Agonisten keine Wirkung hatte, da es die Bluthirnschranke nicht passieren kann (HONKAVAARA et al. 2011). Bei Pferden kann eine besonders ausgeprägte Hypotension beobachtet werden, wenn die Kombination aus α_2-Agonisten und MK-467 im Zusammenhang mit der Allgemeinanästhesie eingesetzt wird. Eine Studie, während der Pferde mit Detomidin und MK-467 prämediziert wurden, konnte nach Narkoseeinleitung Blutdruckwerte von weniger als 40 mmHg verzeichnen. Die gleichzeitige Messung des Herzminutenvolumens konnte aber bei Pferden dieser Gruppe zeigen, dass sobald der mittlere arterielle Blutdruck wieder auf Werte über 60-70 mmHg angestiegen war, auch ein deutlicher Anstieg des Herzminutenvolumens zu beobachten war (PAKKANEN et al. 2015).

Ein positiver Effekt auf das Herzminutenvolumen durch die Kombination von α_2-Agonisten und MK-467 konnte auch bei Hunden gezeigt werden. Diese Untersuchungen wurden an wachen Hunden durchgeführt und zu keinem Zeitpunkt lag eine Hypotension vor (PAGEL et al. 1998; J. M. HONKAVAARA et al. 2011). Auch der für α_2-Agonisten typischen Hypomotilität des Magendarmtrakts wird durch MK-467 entgegengewirkt. Bei Ratten hob MK-467 beispielsweise die hemmende Wirkung des Clonidins auf die Ausscheidung einer im Colon platzierten Glasperle auf (CLINESCHMIDT et al. 1988). Auch beim Pferd konnte beobachtet werden, dass die Kombination von Detomidin und MK-467 in stärker ausgeprägten Darmgeräuschen resultiert als die Verabreichung von Detomidin allein (VAINIONPAA et al. 2013). Weiterhin konnte beobachtet werden, dass die Kombination von Detomidin mit MK-467 beim Pferd keinen negativen Einfluss auf den maximal zu erreichenden Sedierungsgrad hatte, während die Dauer des sedativen Effekts aber verkürzt wurde (VAINIONPAA et al. 2013). Dies führen die Autoren darauf zurück, dass die Detomidin-Plasmakonzentration über die Zeit bei der zusätzlichen Gabe von MK-467 signifikant geringer ist, bzw. schneller abnimmt als bei der alleinigen Detomidin-Applikation (VAINIONPAA et al. 2013). Gleiches konnte auch bei der gemeinsamen Verabreichung von Dexmedetomidin und MK-467 beim Hund gezeigt werden (HONKAVAARA et al. 2012). Zudem wird eine Steigerung der Verteilung und Clearance von Dexmedetomidin durch MK-467 diskutiert (HONKAVAARA et al. 2012). Hierbei erklären sich die Autoren die gesteigerte Verteilung durch den gesteigerten Herzauswurf und die vergrößerte Clearance durch eine verbesserte Leberperfusion.

2.2.3 Verwendete Dosierungen beim Pferd

Eine Dosierung von 250 µg/kg MK-467 war in der Lage, das Auftreten Detomidin-induzierter Bradykardie (Dosierung 10 µg/kg) und intestinaler Hypomotilität zu verhindern (VAINIONPAA et al. 2013). In weiteren Studien bei Pferden wurde MK-467 in einer Dosierung von 200 µg/Kg in Kombination mit 80 µg/kg KGW Romifidin zur Sedierung (DE VRIES et al. 2016) bzw. in Kombination mit 20 µg/kg Detomidin zur Narkoseprämedikation (PAKKANEN et al. 2015) eingesetzt. Der Effekt von Romifidin auf die Herzfrequenz und die Darmgeräusche konnte deutlich abgemildert werden (DE VRIES et al. 2016). Beim kombinierten Einsatz mit Detomidin zur Prämedikation wurde ein signifikant niedrigerer Blutdruck und systemischer

Gefäßwiderstand nach der Narkoseinduktion im Vergleich zu Detomidin allein festgestellt (PAKKANEN et al. 2015).

2.3 Gewebeblutfluss und Gewebeoxygenierung

Die Durchblutung der Gewebe ist von entscheidender Bedeutung für ihre Sauerstoffversorgung. In der Lunge wird der Sauerstoff aufgenommen und an Hämoglobin gebunden. Dieses gelangt als Bestandteil der Erythrozyten mit dem Blutstrom in alle Gewebe. Dort wird der Sauerstoff vom Hämoglobin abgegeben, in das Gewebe aufgenommen und für den Ablauf lebenswichtiger oxydativer Prozesse verbraucht (VON ENGELHARDT u. BREVES 2009). Die Voraussetzung für eine adäquate Oxygenierung der Gewebe ist also ein ausreichender Gewebeblutfluss, vor allem in den kleinen Gefäßen der Mikrozirkulation (GRUM 1993).

2.3.1 Mikrozirkulation und Regulation des Gewebeblutflusses

Unter Mikrozirkulation fasst man das Netzwerk aus kleinen Gefäßen zusammen, dass aus nacheinander geschalteten unterschiedlichen Abschnitten besteht. Diese Abschnitte bilden die Arteriolen, Kapillaren und Venolen. Die Arteriolen besitzen neben dem Endothel eine Schicht glatter Muskulatur, welche den Gefäßdurchmesser bestimmt und so für die Regulierung des Gefäßwiderstands verantwortlich ist. Zusammen mit dem Herzminutenvolumen sind sie maßgeblich an der Blutdruck- und Blutflussregulierung beteiligt. Der Austausch zwischen Blut und Gewebezellen findet im Bereich der kleinsten Gefäßabschnitte, der Kapillaren, statt. Sie bestehen fast ausschließlich aus einer Endothel- und einer Bindegewebsschicht und können somit ihren Durchmesser kaum variieren. Der kleine Durchmesser und die dünne Wand minimieren die Diffusionstrecke und erlauben eine schnelle Diffusion von Molekülen. Venolen besitzen eine dünne Schicht aus glatten Gefäßmuskelzellen, fungieren als Blutreservoir und übernehmen auch teilweise Aufgaben des Stoffaustausches (BOHLEN 1995).

Die Regulation des Gefäßmuskeltonus, vor allem der kleinen Arterien und Arteriolen, geschieht sowohl durch lokale, als auch durch globale Mechanismen:

Kommt es zur Veränderung des intravasalen Drucks, hat dies eine Reaktion der Gefäßmuskulatur zur Folge. Dieser Vorgang wird als myogene Regulation beschrieben und durch die aktive Dehnung oder passive Verkürzung von

Gefäßmuskeln ausgelöst. Diese kontrahieren oder entspannen daraufhin und halten so einen ausreichenden Gewebeblutfluss aufrecht, beziehungsweise verhindern die Entstehung von Ödemen bei hohem intravasalen Druck (BOHLEN u. HARPER 1984).

Auch eine gesteigerte Stoffwechselrate hat einen Einfluss auf den Gefäßtonus der Kleinstgefäße. Als Folge des gesteigerten Metabolismus kommt es zur Verringerung des intrazellulären Sauerstoffgehalts und zum Anstieg bestimmter Stoffwechselmetabolite. Diese lösen eine Dilatation der Gefäße aus und verbessern hierdurch den Blutfluss und damit die Sauerstoffversorgung des Gewebes (SEGAL 2005).

Ein weiterer Mechanismus geht vom Endothel aus. Wird das Endothel zum Beispiel durch einen erhöhten Blutfluss Scherkräften ausgesetzt, kommt es zur Freisetzung von Stickstoffmonoxid („endothelium derived relaxing factor"). Dies löst dann eine Dilatation der entsprechenden Gefäße aus (KOLLER u. KALEY 1991). Eine Freisetzung von Stickstoffmonoxid kann auch durch bestimmte Prostaglandine ausgelöst werden und zu einer Vergrößerung des Gefäßdurchmessers, zum Beispiel während der Entzündungsreaktion, führen (ARMSTEAD 1995).

Weiterhin übt das autonome Nervensystem einen Einfluss auf den Gefäßmuskeltonus, vor allem auf die etwas größeren Gefäße aus. Hierbei dominiert die sympathische Nervenaktivität und führt über die Aktivierung von α-Adrenorezeptoren zu einer Vasokonstriktion. Die Gefäße im Gewebe sind von einem dichten Netz sympathischer Nervenfasern umgeben. Bei gesteigerter sympathischer Nervenaktivität wird aus diesen Nervenendigungen vermehrt Noradrenalin freigesetzt, welches per Diffusion zu den Adrenorezeptoren in den Gefäßwänden gelangt und diese aktiviert (THOMAS u. SEGAL 2004). Über einen G-Protein gekoppelten Signalweg wird der intrazelluläre Kalziumspiegel erhöht und die Kontraktion der glatten Gefäßmuskulatur ausgelöst (VAN ZWIETEN et al. 1986).

2.3.2 Gewebesauerstoffsättigung

Die Sauerstoffsättigung gibt das prozentuale Verhältnis von mit Sauerstoff gesättigtem zum gesamten Hämoglobin an (KAM u. POWER 2012). Eine niedrige Gewebesauerstoffsättigung konnte mit einem schlechteren Krankheitsausgang,

beziehungsweise mit einem schwerwiegenderen Organversagen bei kritisch kranken Menschen in Verbindung gebracht werden (LIMA et al. 2009).
Die Gewebesauerstoffsättigung (SO_2) ist zunächst unabhängig von der Sauerstoffzufuhr (DO_2). Nimmt die Zufuhr ab, steigert sich die Sauerstoffextraktion und die Sauerstoffsättigung im Gewebe bleibt gleich. Erst wenn ein kritischer Wert für die Sauerstoffzufuhr unterschritten wird, kommt es zu einer linearen Abhängigkeit von Zufuhr und Sauerstoffverbrauch (VO_2) durch das Gewebe (ADAMS et al. 1982) und als Folge dessen zur Abnahme der Gewebesauerstoffsättigung. Ab einem bestimmten Punkt kann es zum Auftreten hypoxischer Zellschädigungen kommen (LEACH u. TREACHER 2002).

2.3.3 Blutfluss und Blutgefäßversorgung im Splanchnikusgebiet

Die Blutversorgung der Verdauungsorgane (Magen, Darm und Leber) erfolgt über das viszerale Gefäßnetz (auch Splanchnikus-Gebiet genannt). Der Blutzufluss erfolgt über den *Trunkus coeliacus*, die *Arteria mesenterica cranialis* und *cauadalis.* Nachdem das Blut Magen und Darm passiert hat, wird es über die Pfortader zur Leber transportiert *(KÖNIG u. GERHARDS 1998).*
Das am Stoffaustausch beteiligte Gewebe der Dünndarmzotten zeichnet sich durch eine spezielle Anordnung der Gefäße aus. In einer Zotte laufen zuführende Arterie und abführende Vene parallel mit gegenläufiger Blutflussrichtung. Verbunden sind sie über ein dichtes Kapillarnetz, das vor allem die Zottenspitze und die epithelnahen Gewebebereiche durchspannt und für den Stoffaustausch verantwortlich ist (ULLRICH 1984). Der Sauerstoffgehalt des Gewebes nimmt von der Zottenbasis zur Zottenspitze hin ab. Dieser Gradient könnte Folge einer arterio-venösen Sauerstoffdiffusion schon vor dem Kapillarnetz sein oder sich in der höheren Stoffwechselaktivität der Zottenspitze begründen. Der niedrigere Gewebesauerstoffgehalt könnte die Zottenspitze anfälliger für Schädigungen durch hypoxische Zustände machen (LUNDGREN u. HAGLUND 1978).
Beim Schaf entspricht der Blutfluss im Splanchnikus-Gebiet ungefähr 20-30 % des Herzminutenvolumens und der Sauerstoffverbrauch macht ca. 20-35 % der VO_2 des gesamten Körpers beim Menschen aus (BRUNDIN u. WAHREN 1991; TAKALA 1996). Bei der erhöhten Stoffwechselaktivität der Verdauungsorgane während der Nahrungsaufnahme kommt es zu einer gesteigerten Sauerstoffaufnahme der

entsprechenden Organe. Proportional zur erhöhten VO_2 steigt auch der lokale Blutfluss an. So kann die Sauerstoffextraktionsrate im Splanchnikus-Gebiet auch bei gesteigerter metabolischer Aktivität konstant gehalten werden kann (BRUNDIN u. WAHREN 1991).

Der Anstieg des Blutflusses wird durch ein erhöhtes Herzminutenvolumen (BRUNDIN u. WAHREN 1991) und/oder eine Umverteilung des Blutflusses (SHEPHERD 1980) bewirkt. Auch innerhalb der Verdauungsorgane kommt es zu einer veränderten Verteilung des Blutflusses. Wird keine Nahrung aufgenommen, gelangen etwa 70-80 % des totalen Blutflusses zur Schleimhautschicht der Verdauungsorgane, während Muskelschicht und Serosa nur 15-25 % erhalten. Nach der Nahrungsaufnahme kommt es zu einer deutlichen Zunahme des Blutflusses (bis zu 200% vom Ausganswert möglich) für 2-3 Stunden. Durch Rekrutierung von weiteren Kapillaren wird der gesteigerte Blutfluss vor allem in die Schleimhautschicht der Organe umverteilt (MATHESON et al. 2000).

Eine ähnliche Heterogenität des Blutflusses in den unterschiedlichen Schichten des Verdauungstrakts zeigten auch Untersuchungen an Schweinen mit induzierter Sepsis während einer Injektionsanästhesie (Midazolam (0,5 mg/kg/Std.), Fentanyl (10 µg/kg/Std.), Pancuronium (0,5 mg/kg/Std.)). Während der ersten, hypodynamischen Phase der Sepsis kam es zu einer deutlichen Abnahme von Herzminutenvolumen und Blutdruck. Als Folge nahm auch der Blutfluss der kranialen Mesenterialarterie ab. Gleichzeitig zeigte die Messung der Mikroperfusion der Verdauungsorgane eine Umverteilung des Blutflusses von der Muskelschicht zur Schleimhautschicht. Trotz eines niedrigeren Blutflusses in der Mesenterialarterie wurde so der Blutfluss in der Mukosa bis auf eine Abnahme von 10% konstant gehalten (HILTEBRAND et al. 2003).

2.3.4 Einflüsse der Allgemeinanästhesie auf Mikroperfusion und Oxygenierung beim Pferd

Während der Allgemeinanästhesie ist es ein wichtiges Ziel, neben dem zentralen Kreislaufgeschehen auch die Mikroperfusion aufrecht zu erhalten.

Volatile Anästhetika wirken sich negativ auf zentrale Kreislaufparameter und die periphere Perfusion der Organe aus. So zeigten verschiedene Studien beim Pferd, dass Isofluran zu einer deutlichen Senkung des mittleren arteriellen Blutdrucks, des

Herzminutenvolumens und des peripheren Gefäßwiderstands führt (STEFFEY et al. 1987; HOPSTER et al. 2015)

Auch die Auswirkung der Allgemeinanästhesie auf die periphere Perfusion ist beim Pferd bereits untersucht worden. Schon 1984 konnten Weaver et al. zeigen, dass während einer Anästhesie mit Halothan die Perfusion der Muskulatur im Vergleich zum wachen Zustand signifikant abnimmt. Hierbei zeigte sich auch, dass keine Korrelation zwischen der Perfusion und der Anästhesiedauer (zwischen 2 und 7 Stunden Anästhesiezeit) bestand (WEAVER et al. 1984). Im Gegensatz dazu besteht allerdings eine Abhängigkeit zwischen der Durchblutung der Skelettmuskulatur und der alveolären Narkosegaskonzentration während der Isofluorananästhesie beim Pferd. Bei höheren alveolären Konzentrationen wurde eine signifikante Abnahme der Muskelperfusion beobachtet. Neben einer verminderten Muskeldurchblutung konnte auch ein verringerter renaler Blutfluss während der Allgemeinanästhesie nachgewiesen werden (MANOHAR et al. 1987a). Untersuchungen konnten zeigen, dass auch die Perfusion des equinen Gastrointestinaltrakts bei hohen Konzentrationen von Isofluran stark abnimmt (HOPSTER et al. 2015).

Als Ursache für diese Perfusionseinbrüche während der Anästhesie werden das verringerte Herzminutenvolumen und ein niedriger mittlerer arterieller Blutdruck verantwortlich gemacht (MANOHAR et al. 1987b). Auch könnte hier eine beeinträchtigte Autoregulation der muskulären Gefäßbetten während der Isofluorananästhesie eine Rolle spielen, wie es für andere Spezies gezeigt wurde (OSTMAN et al. 1985; GOETZ et al. 1989).

Weiterhin wurden Pferde untersucht, die eine Lahmheit nach der Allgemeinanästhesie aufgrund einer muskulären Minderperfusion entwickelten. Es konnte gezeigt werden, dass bei diesen Pferden ein deutlich geringeres Herzminutenvolumen und ein höherer peripherer Gefäßwiderstand für die Minderdurchblutung verantwortlich waren, während der Blutdruck eine eher untergeordnete Rolle spielte (BRANSON et al. 1992). Eine ähnliche Blutdruck-unabhängige Perfusionsverminderung konnte auch bei Pferden beobachtet werden, deren Herzauswurf in Anästhesie durch die Verabreichung eines Detomidin-Bolus gesenkt wurde (EDNER et al. 2002)

Für die Gewebeoxygenierung spielen nicht nur die negativen Einflüsse der Anästhetika auf kardiovaskuläre Parameter eine Rolle, sondern auch das Sauerstoffangebot und die Ventilation während der Narkose.

Portier et al. untersuchten den Einfluss der verwendeten Sauerstofffraktion (FiO_2) auf die Muskeloxygenierung. Eine Gruppe von Pferden erhielt hierzu Raumluft (FiO_2 = 0,21) als Trägergas für das Isofluran während für die andere Gruppe reiner Sauerstoff (FiO_2 = 1,0) genutzt wurde. Nahinfrarotspektroskopische Messungen zeigten, dass die Sauerstoff-Gruppe hohe Gewebeoxygenierungs-Werte aufwies, während die Pferde der Raumluft-Gruppe hypoxisch waren und eine Desoxygenierung des Hämoglobins im Skelettmuskel stattfand. Zusätzliche konnte keine gravierende Schädigung durch reaktive Sauerstoffspezies beispielsweise an den Erythrozyten-Membranen in der Sauerstoffgruppe festgestellt werden. Daraus schlussfolgerten die Autoren, dass die Muskeloxygenierung durch die Nutzung von reinem Sauerstoff während der Allgemeinanästhesie in erster Linie positiv beeinflusst wird (PORTIER et al. 2009).

Diese Ergebnisse konnten auch an anderen Organen nachvollzogen werden: Zum Beispiel bei einer Untersuchung, die bei Pferden die Auswirkungen der Allgemeinanästhesie auf die lokale, zerebrale Sauerstoffsättigung betrachtete (MCCONNELL et al. 2013). Diese wurde zu unterschiedlichen Zeitpunkten vor, während und nach der Anästhesie (Isofluran in reinem Sauerstoff) gemessen. Hierbei konnte kein signifikanter Unterschied zwischen prä- und peri-anästhetischen Sättigungswerten festgestellt werden. Nach dem Unterbrechen der Zufuhr von Isofluran und reinem Sauerstoff wurde jedoch eine signifikant niedrigere Gewebe-Sauerstoffsättigung im Gehirn gemessen (MCCONNELL et al. 2013).

Neben dem Trägergas hat auch die Art der Ventilation einen Einfluss auf Kreislauf- und Perfusionsparameter. Die mechanische Ventilation führt zu einem Absinken des Herzminutenvolumens und des mittleren arteriellen Blutdrucks im Vergleich zu der Spontanatmung während der Allgemeinanästhesie (MIZUNO et al. 1994; EDNER et al. 2005) und wirkt sich dadurch negativ auf die Durchblutung der Muskulatur beim Pferd aus (EDNER et al. 2005).

2.3.5 Mikroperfusion und Oxygenierung des Gastrointestinaltrakts

Einige Studien haben sich speziell mit der Untersuchung der Durchblutung und Sauerstoffversorgung der gastrointestinalen Organe beim Pferd beschäftigt. Die Versuchstiere befanden sich hierzu zum größten Teil in Allgemeinanästhesie, um

direkt an den Bauchhöhlenorganen Messungen durchführen zu können und bestimmte Einflussfaktoren auf die gastrointestinale Perfusion zu testen.
So konnte beispielsweise der Effekt der Isofluran-Konzentration während der Inhalationsnarkose auf die Durchblutung und Oxygenierung von Colon und Jejunum untersucht werden. Mit steigender endexspiratorischer Isofluran-Konzentration kam es in dieser Studie zu dem typischen Abfall des Herzminutenvolumens und mittleren arteriellen Blutdrucks. Die Perfusions- und Oxygenierungs-Parameter blieben zunächst stabil, bis es zum Unterschreiten von kritischen Grenzwerten der zentralen Kreislaufparameter kam. Diese kritische Grenze war bei einem Herzauswurf-Index von ungefähr 50 ml/kg/min und einem mittleren arteriellen Blutdruck von ca. 60 mmHg erreicht. Während die Anästhesietiefe hier deutliche Auswirkungen auf die Perfusion und Oxygenierung des Pferdedarms hatte, konnte kein Einfluss der Anästhesiedauer auf diese Parameter gezeigt werden (HOPSTER et al. 2015).
Obwohl beim Pferd noch keine Studien vorliegen, die den direkten Einfluss der Inhalation von Isofluran auf die gastrointestinale Autoregulation der Mikroperfusion betrachten, konnten Untersuchungen am Darm von Chloralose-anästhesierten Katzen zeigen, dass die Autoregulation des Blutflusses im Darmgewebe durch die zusätzliche Inhalation von Isofluran negativ beeinflusst wird. Wird der Perfusionsdruck am Darm auf Bereich von 75-50 mmHg gesenkt, kommt es unter einem endexspiratorischen Isoflurangehalt von 0,7% zu einem Abfall des Blutflusses. In der Kontrollgruppe ohne Isofluran war die Autoregulation des Blutflusses deutlich weniger eingeschränkt (OSTMAN et al. 1985).
Eine weitere Untersuchung betrachtete den Effekt der Verwendung unterschiedlicher inspiratorischer (IPPV) und positiver endexspiratorischer Drücke (PEEP) auf die Durchblutung des Gastrointestinaltrakts bei Pferden, die während der Anästhesie beatmet wurden (HOPSTER et al. 2016). Hohe inspiratorische und endexspiratorische Drücke hatten einen Abfall von Herzminutenvolumen-Index und mittlerem arteriellen Blutdruck zur Folge. Blutdruckwerte niedriger als 52 mmHg und ein Herzauswurfindex von kleiner 37 ml/kg/min führten zu einem sofortigen Einbruch der intestinalen Perfusion. Dies war ab einem PEEP-Wert von 20 cm H_2O und einem inspiratorischen Druck von 40 cm H_2O der Fall (HOPSTER et al. 2016).
Auch die Auswirkung verschiedener gastrointestinaler Pathologien auf die Mikroperfusion der entsprechenden Darmabschnitte ist Gegenstand einiger Untersuchungen. Häufig beim Pferd auftretende Dickdarmerkrankungen, die auch oft

einer chirurgischen Therapie bedürfen, sind zum Beispiel der Colon-Volvulus und die Dickdarmverstopfung. Diese beiden Krankheitsbilder unterschieden sich deutlich in ihren Auswirkungen auf die Kleinstgefäße des Darmes: Bei einer Obstipation kommt es in diesem Bereich zu einer luminalen Distension und einer damit einhergehenden Reduktion der Durchblutung. Eine Perfusionsabnahme um bis zu 73% kann zum Beispiel bei Klein-Colon-Obstipationen gemessen werden. Hierbei bleibt die Durchblutung der Darmschleimhaut jedoch nahezu vollständig erhalten, während Perfusionsabnahmen vor allem in den serosalen Schichten auftreten. Dies könnte sich in einer kompensatorischen Vasodilatation der mukosalen Gefäße begründen, um diese Schicht vor ischämischen Zuständen zu schützen (FALEIROS et al. 2002). Zu noch massiveren Einschränkungen der Mikrozirkulation kommt es beim Colon-Volvulus. Selbst nach der Detorsion und Wiederherstellung der Makroperfusion war die Mikroperfusion in der Studie von Hurcombe et al. noch deutlich herabgesetzt und signifikant niedriger als in Colonanteilen, die lediglich obstipiert waren. Die Autoren deuten dies als mögliche Folge weiterbestehender Vasospasmen, arterio-venöser Shunt-Bildung oder der Verlegung kleiner Gefäße durch Erythrozyten-Konglomerate (HURCOMBE et al. 2014). Die Effekte auf die Mikrozirkulation korrelieren auch mit hitstomorphologischen Untersuchungen, die den Schweregrad der Gewebeschädigung beurteilen. Eine stärker eingeschränkte Durchblutung im Bereich der Kleinstgefäße geht mit schwerwiegenderen histologischen Veränderungen am equinen Darm einher (DABAREINER et al. 2001; HURCOMBE et al. 2014).

2.4 Techniken zur Messung der Mikroperfusion und Oxygenierung

Die Messung der Mikroperfusion und Oxygenierung von Geweben ist von großem Interesse sowohl in der Forschung wie auch im klinischen Alltag. Das Ziel ist es, Aussagen über die am Zielorgan ankommende Blutmenge, die Verteilung dieses Blutes in der Mikrovaskulatur und die Deckung des Sauerstoffbedarfs durch den Blutfluss treffen zu können. Es gibt eine Vielzahl an Messtechniken, die mit einem unterschiedlichen Grad an Invasivität die Messung der Mikroperfusion, der Sauerstoffverfügbarkeit und die Bestimmung der mikrovaskulären Funktion ermöglichen.

2.4.1 Doppler-Sonographie

Die Untersuchung des Blutflusses mittels Doppler-Sonographie basiert auf dem so genannten Doppler-Phänomen, welches zum ersten Mal 1842 von Christian Doppler beschrieben wurde: Wenn sich der Sender einer Licht- oder Schallwelle und der Empfänger dieser Wellen relativ zueinander bewegen, kommt es zu einer Veränderung der Frequenz dieser Wellen. Entfernen sie sich relativ zu einander, wird die Frequenz kleiner, nähern sie sich einander, wird die Frequenz der entsprechenden empfangenen Wellen größer (DOPPLER 1842).
Die Veränderung der Frequenz (Dopplershift) ist gegeben durch:

$$\Delta f = 2\ (v \cos \Theta)\ f_0 / c$$

Hierbei ist Δf= Dopplershift; v = Geschwindigkeit des sich bewegenden Objekts (Erythrozyten); Θ = Insonationswinkel; f_0 = Frequenz der ausgesendeten Ultraschallwellen, c = Geschwindigkeit der Ausbreitung der Ultraschallwellen im Blut. Da f_0 und c bekannt sind, erlaubt die Messung des Dopplershifts die Berechnung der Geschwindigkeit der Erythrozyten. Voraussetzung hierfür ist allerdings die genaue Bestimmung des Winkels zwischen Ultraschall-Sender und Blutgefäß (Insonationswinkel). Aus der Geschwindigkeit der Erythrozyten und der Fläche des Gefäßquerschnitts, welche zum Beispiel mit Hilfe eines B- oder M-Mode-Ultraschalbildes bestimmbar ist, kann der Blutfluss in dem untersuchten Gefäß berechnet werden.
Allerdings ist es so nicht möglich, die Erythrozyten-Geschwindigkeit und den Gefäßquerschnitt während des gleichen Herzzyklus zu bestimmen (GILL 1985). Obwohl ein großer Vorteil dieser Methode ihre Nichtinvasivität ist, ist ein Nachteil, dass es zu Messungenauigkeiten kommen kann, weil zu jeder Messung die Messsonde neu platziert werden muss. Außerdem erlaubt diese Methode nur die Erfassung des Blutflusses größerer Gefäße und nicht die direkte Messung des Gewebeblutflusses auf kapillarer Ebene.
Beim Pferd konnten mittels der Doppler-Ultraschall-Blutflussmessung neben der Muskulatur (RAISIS et al. 2000) auch Untersuchungen am Magendarmtrakt (MOORE et al. 1995) durchgeführt werden.

2.4.2 Laser-Doppler-Flussmessung

Die Laser-Doppler-Flussmessung (LDF) basiert ebenfalls auf dem Prinzip des Dopplershifts (BONNER u. NOSSAL 1981). Trifft das Laserlicht einer Helium-Neon-Laserlichtquelle auf statische Gewebsbestandteile wird es nur gestreut aber nicht in seiner Frequenz verändert. Trifft das Laserlicht aber auf sich bewegenden Strukturen wie die Erythrozyten im Blutgefäßsystem, kommt es, wie auch bei den Ultraschallwellen, zu einer Frequenzverschiebung. Aus dem Ausmaß der Frequenzverschiebung lässt sich die Geschwindigkeitsverteilung der Erythrozyten bestimmen. Zusätzlich lässt sich aus dem Verhältnis des frequenzverschobenen zum nicht frequenzverschobenen Licht die Anzahl der Erythrozyten berechnen. Das zurückgestreute Licht wird über einen Lichtleiter zu einem Photodetektor geleitet. Dieser registriert die Frequenzveränderung und überträgt sie in ein Spannungssignal (SEIFALIAN et al. 1994).

Das Signal des Laser-Doppler-Flusses ist proportional zu dem Produkt aus der Anzahl der bewegten Erythrozyten im untersuchten Gewebevolumen und der mittleren Geschwindigkeit dieser Zellen. Meist werden die Messwerte ohne Einheit angegeben, da nur eine Messung des relativen Blutflusses über eine bestimmte Untersuchungsperiode möglich ist (BONNER u. NOSSAL 1981; SMITS et al. 1985).

Die Messtiefe wird von der Penetrationstiefe der zurückgestreuten Photonen bestimmt. Diese ist abhängig von der Entfernung der Enden des aussendenden und des empfangenden Lichtleiters zueinander (Separation), der Wellenlänge und den optischen Eigenschaften des Gewebes (JAKOBSSON u. NILSSON 1993). Abhängig vom Typ der Messsonde wird für die Haut eine Messtiefe von ca. 2 mm angegeben (KRAGH et al. 2001) und für den Gastrointestinaltrakt von mindestens 6 mm. Hierbei scheinen alle Schichten der Darm- beziehungsweise Magenwand erfasst zu werden (JOHANSSON et al. 1987). Die Laser-Doppler-Messung wird in Kombination mit der Weißlichtspektrometrie in dem O2C-Gerät eingesetzt, welches in der vorliegenden Studie verwendet wurde (siehe unten).

2.4.3 Nahinfrarotspektroskopie

Die Nahinfrarotspektroskopie (NIRS) ist eine Methode zur nichtinvasiven, kontinuierlichen Messung der Konzentration von oxygeniertem und desoxygeniertem

Hämoglobin im Gewebe. Diese Methode basiert auf dem Prinzip der Transmission und Absorption von Licht aus dem nah-infraroten Wellenlängenbereich.
Licht aus diesem Wellenlängenbereich (700-1100 nm) ist in der Lage relativ tief in Gewebe einzudringen. Die Chromophore Cytochrom aa_3, Myoglobin und Hämoglobin, die natürlicherweise im Gewebe vorkommen und wichtige Bestandteile des aeroben Metabolismus sind, zeigen in diesem Wellenlängenbereich ein oxygenierungsabhängiges Absorptionsspektrum (WRAY et al. 1988).
Das nahinfrarote Licht wird auf seinem Weg durch das Gewebe also nicht nur teilweise reflektiert und gestreut, sondern wird auch beim Auftreffen auf solche Chromophore absorbiert. Welcher Wellenlängenbereich absorbiert wird, ist abhängig vom Oxidations-Zustand des entsprechenden Moleküls. Anhand des registrierten Absorptionsspektrums sind so beispielsweise Rückschlüsse auf das vermehrte Vorliegen von Hämoglobin in seiner desoxygenierten Form möglich (COPE u. DELPY 1988).
Ist es das Ziel, die Konzentrationsänderung von oxygeniertem und deoxygeniertem Hämoglobin gleichzeitig zu erfassen, muss mit zwei unterschiedlichen Wellenlängen gemessen werden (WRAY et al. 1988). Die Kalkulation der mittleren Hämoglobinsättigung im Gewebe erfolgt nach dem Lambert-Beer'schen Gesetzt in modifizierter Form. Hierbei wird angenommen, dass es im Gewebe zwar zu einer hohen Streuung und auch zu einer Absorption durch andere Moleküle als z.B. Hämoglobin kommt, diese Faktoren aber als konstante Gewebefaktoren betrachtet werden können und über den Zeitraum der Messung unveränderlich sind. Weiterhin muss die Länge des optischen Pfades bekannt sein, der auf Grund der Streuung im Gewebe nicht der geometrischen Pfadlänge zwischen Lichtquelle und Detektor entspricht. Aus diesem Grund wird die Separation von Lichtquelle und Detektor mit einem Faktor („Differential path length factor"= DPF) multipliziert (DUNCAN et al. 1996). Der DPF wird separat ermittelt und der entsprechenden Literatur entnommen oder mittels zeitaufgelöster Verfahren direkt bestimmt (STEINBRINK et al. 2001). Nachteilig ist jedoch, dass somit die Vergleichbarkeit der Werte durch Unterschiede in der jeweiligen Technik bzw. den Algorithmen nicht unbedingt gegeben ist. Weiterhin ist nicht immer mit Sicherheit zu bestimmen, welche Gewebeschicht gemessen wird, vor allem, wenn Störfaktoren wie Ödeme hinzukommen (SAKAMOTO et al. 2001).

2.4.4 Weißlicht-Photospektrometrie

Nach dem gleichen Prinzip wie die Nahinfrarotspektroskopie, nur mit weißem Licht, funktioniert die Weißlicht-Photospektrometrie. Das Prinzip der Kurzzeit-Spektralanalyse, welches 1957 von Lübbers et al. eingeführt wurde, ermöglichte zum ersten Mal die Darstellung schnell ablaufender Änderungen der Absorptionseigenschaften von Stoffen (LÜBBERS u. NIESEL 1957). Das Prinzip wurde weiterentwickelt und als nichtinvasive Methode zur Bestimmung der Konzentration und Sauerststoffsättigung des Hämoglobins, zum Beispiel in der Magenschleimhaut, eingesetzt (SATO et al. 1979). Aufgrund des breiten Wellenlängenbereiches wird bei der Weißlicht-Photospektrometrie eine weniger große Penetrationstiefe erreicht als z.B bei der NIRS. Es konnte aber z.B. für das Schwein gezeigt werden, dass die komplette gastrointestinale Wand vom Weißlicht durchdrungen wird (SCHWARZ et al. 2001).

Ein Weißlicht Photospektrometer wie z.B. das EMPHO der Firma Lea Medizintechnik ist wie folgt aufgebaut: Das Licht einer Weißlichtquelle wird mittels eines Lichtleiters ins Gewebe eingestrahlt. Dieser ist zirkulär von einigen Empfänger-Lichtleitern umgeben, die das vom Gewebe remittierte Licht aufnehmen und zu einem rotierenden Bandpassinterferenzfilter übermitteln. Dieser verwandelt das polychromatische weiße Licht in monochromatisches Licht. Pro Umdrehung des Filters wird ein diffuses Remissionsspektrum in einem bestimmten Wellenlängenbereich aufgezeichnet. Der Filter arbeitet in einem Spektralbereich von 502 bis 630 nm. Über einen Flüssigkeits-Lichtleiter wird das monochromatische Licht an einen Photomultipler weitergeleitet. Dort wird die Lichtintensität in ein linear proportionales Spanungssignal umgewandelt, durch einen Konverter digitalisiert und auf einen PC übertragen (FRANK et al. 1989).

Die Technik der Weißlicht-Photospektrometrie ist im O2C-Gerät inkorporiert, welches auch in dieser Studie eingesetzt wurde

2.4.5 Das O2C-Gerät

Das O2C („oxygen to see") der Firma LEA Medizintechnik aus Gießen ist ein Gerät zur nichtinvasiven Messung der Perfusion und Oxygenierung eines bestimmten Gewebevolumens. Es vereint die Laser-Doppler-Flussmessung und die Weißlicht-Photospektrometrie in einem Instrument. Dieses Gerät ermöglicht so die gleichzeitige

Bestimmung des relativen Hämoglobin-Gehalts (rHb [AU]), der Sauerstoffsättigung (SO_2 [%]) und des regionalen Blutflusses in der Mikrozirkulation (Flow [AU]).

Das Gerät besteht aus einer Computereinheit, welche über den so genannten Sondenport mit den Messsonden verbunden ist. Der Sondenport inkludiert eine Laser-Doppler-Messeinheit und eine Gewebespektrometrie-Einheit mit einer Weißlichtquelle. Die Messsonden beinhalten Glasfaser-Lichtleiter, die entweder Laser- und Weißlicht emittieren oder detektieren. Der Abstand zwischen dem aussendenden und dem detektierenden Lichtleiterende wird als Separation bezeichnet und ist zusammen mit der Wellenlänge des emittierten Lichts ausschlaggebend für die Detektionstiefe. Hier wurden bislang Bereiche von 100 µm bis zu 15 mm genutzt (KRUG 2006), sodass unterschiedliche Gewebeschichten erfasst werden können.

In der Humanmedizin findet das O2C Einsatz im Bereich der Transplantations-Chirurgie. So wurde zum Beispiel die Überwachung von fasziokutanen Hautlappen-Transplantaten bei der maxillofazialen Rekonstruktion mittels O2C getestet. Es konnte gezeigt werde, dass postoperative eine Minderperfusion der Transplantate frühzeitig mit Hilfe des O2C erkannt wurde und so Maßnahmen zum Erhalt der Gewebelappen rechtzeitig ergriffen werden konnten (HOLZLE et al. 2006). Gleiche Ergebnisse erhielten auch Rothenberger et al., die den Einsatz des O2C bei der Brustrekonstruktion mit freien, autologen Gewebelappen-Transplantaten untersuchte (ROTHENBERGER et al. 2013). In beiden Studien zeigte sich Minderperfusion aufgrund einer arteriellen Okklusion im Absinken des Blutfluss-Wertes und der Gewebesauerstoffsättigung, während sich eine venöse Abflussstörung in einem Anstieg der relativen Hämoglobinmenge äußerte (HOLZLE et al. 2006; ROTHENBERGER et al. 2013). Ebenfalls wurde das O2C genutzt, um eine intraoperative Überwachung von Nieren-Transplantaten durchzuführen. Ziel verschiedener Studien am Menschen war es hier den Zusammenhang zwischen einer verminderten Perfusion bzw. Gewebeoxygenierung des renalen Cortex der transplantierten Niere und einer gestörten postoperativen Funktion des Transplantats zu untersuchen (FECHNER et al. 2009; SCHEEREN et al. 2011).

Auch bei der Untersuchung von Minderperfusionszuständen im Rahmen der Diabetes-Erkrankung beim Mensch wurde das O2C verschiedentlich eingesetzt. So wurden zum Beispiel Vergleichsmessungen der Haut am Handrücken von gesunden und an Diabetes erkrankten Menschen durchgeführt (FORST et al. 2008). Beckert et

al. nahmen auch Messungen direkt auf der Wundfläche diabetischer Fußulzera vor und stellten fest, dass die Blutflusswerte bei Patienten mit nicht-heilenden Ulzerationen signifikant niedriger waren als bei Patienten, deren Veränderungen über die Zeit heilten (BECKERT et al. 2004).
Verlässliche und reproduzierbare Ergebnisse lieferte das O2C auch bei Messungen im Bereich der menschlichen Leber während der Allgemeinanästhesie (LADURNER et al. 2009). Perfusions- und Oxygenierungsmessung an Leber und Magendarmtrakt konnten weiterhin im Mausmodell des septischen Schocks (ALBUSZIES et al. 2005) und auch am porzinen Darm während Zuständen der Endotoxämie (PITTNER et al. 2003) und der Hämodilution (SCHWARTE et al. 2005) erfolgreich durchgeführt werden.
Für das Pferd wurde das O2C ebenfalls zur Messung an Dünn- und Dickdarm des anästhesierten Pferdes evaluiert. Hierbei stellte sich heraus, dass das O2C eine schnelle und einfache Perfusionsmessung ermöglicht, aber übermäßiges Umgebungslicht (z.B. OP-Lampen) und starke peristalitische Darmbewegung die Messqualität negativ beeinflussen (REICHERT et al. 2014). Eine weitere Studie an Pferden konnte Effekte von Anästhesiedauer und Isoflurankonzentration auf die Perfusion der Mukosa und der Muskelschicht des Magendarmtrakts nachweisen (HOPSTER et al. 2015).

3 Material und Methode

3.1 Probanden

Die Untersuchungen wurden an 15 Warmblut-Pferden durchgeführt, die den ASA-Klassen 1-2 zuzuordnen waren. Es handelte sich um 4 Hengste, 5 Wallache und 6 Stuten, die im Mittel 7 Jahre alt (1 - 24 Jahre) und 531 kg schwer (412 - 596 kg) waren. Die Durchführung des Tierversuches wurde vom Niedersächsischen Landesministerium für Verbraucherschutz und Lebensmittelsicherheit begutachtet und nach § 8 Tierschutzgesetz genehmigt (Tierversuchsnummer 33.14-42502-04-14/1547). Im Anschluss waren die Probanden Teil einer zweiten, terminalen Studie.

3.2 Versuchsgruppen

Die Probanden wurden randomisiert in zwei Gruppen eingeteilt. Sieben der 15 Probanden wurde sowohl zur Prämedikation, als auch während der Allgemeinanästhesie Xylazin verabreicht (Gruppe X), während 8 der 15 Probanden Dexmedetomidin erhielten (Gruppe D).

3.3 Versuchsaufbau

3.3.1 Narkosevoruntersuchung

Vor dem Beginn der Untersuchung wurde die Allgemeingesundheit der Probanden durch eine klinische Allgemeinuntersuchung und eine Blutuntersuchung (Hämatokrit, Leukozytenzahl, Gesamteiweiß) überprüft. Sechs Stunden vor Versuchsbeginn wurde den Pferden das Futter entzogen. Wasser war stets zur freien Verfügung vorhanden.

3.3.2 Instrumentierung

Eine Stunde vor Versuchsbeginn wurde die Haut über der linken *V. jugularis externa* am Übergang vom oberen zum mittleren Drittel auf einer Fläche von 5 x 8 cm^2 geschoren und gereinigt. Anschließend wurde unter Lokalanästhesie der Haut mit

Lidocain (Lidocainhydrochlorid 2%, Bela-Pharm GmbH & Co. KG, Deutschland) ein Katheter (Intraflon 2, 12 G-80 mm, VYGON GmbH & CO.KG, Frankreich) in die linke Jugularvene eingebracht. Dieser Katheter diente der Medikamentenapplikation.

Unmittelbar vor dem Beginn jedes Versuchs wurden am unsedierten Pferd ein Katheter in die Pulmonalarterie und ein weiterer Katheter in das rechte Atrium eingebracht. Hierzu wurde die Haut über dem kranialen und dem kaudalen Drittel der Vena jugularis dextra auf jeweils einer Fläche von 5 x 8 cm^2 geschoren und gereinigt. Nach Infiltration mit Lidocain (Lidocainhydrochlorid 2%, Bela-Pharm GmbH & Co. KG, Deutschland) wurde die rechte Jugularvenen im Bereich der zwei vorbereiteten Hautareale transkutan katheterisiert (Intraflon 2, 12 G-80 mm, VYGON GmbH & CO.KG, Frankreich). Über diese beiden Katheter wurde jeweils ein Führungsdraht eingebracht, die Katheter entfernt und über die Drähte je ein Katheter-Einführungs-Zugang (Exacta ™, 8,5 Fr, Argon Medical Devices Inc., USA) eingebracht. Unter Ultraschallkontrolle und Kontrolle des Druckkurvenverlaufs wurde über den kaudalen Zugang ein Swan-Ganz-Katheter (Criticath™ SP5107-IS, 7 Fr. 110cm, Argon Medical Devices Inc., USA) in die Pulmonalarterie und über den kranialen Zugang ein Ballon-Herzkatheter (Balloon Wedge Pressure Catheter, 7 Fr. 160cm, Arrow International Inc., USA) in den rechten Vorhof eingebracht.

3.3.3 Prämedikation und Induktion

Zur Narkoseprämedikation wurden die Probanden der Gruppe X mit Xylazin (Xylavet® 20 mg/ml, CP-Pharma GmbH, Deutschland) in der Dosierung 0,5 mg/kg i.v. und die Pferde der Gruppe D mit Dexmedetomidin (Dexdomitor® 0,5 mg/ml, Janssen Cilag GmbH, Deutschland) in der Dosierung 3,5 µg/kg i.v. sediert. Die Einleitung der Allgemeinanästhesie erfolgte mittels einer Kombination aus Ketamin (2,2 mg/kg i.v.; Narketan® 100 mg/ml, Vétoquinol GmbH, Deutschland) und Midazolam (0,05mg/kg i.v.; Midazolam B. Braun 5 mg/ml, B. Braun Melsungen AG, Deutschland) fünf Minuten nach der Sedierung.

3.3.4 Narkoseerhalt

Nach Einbringen eines Endotrachealtubus und Lagerung auf dem OP-Tisch in Rückenlage wurden die Tiere an ein Großtiernarkosegerät (Vet.-Tec. Model JAVC 2000 J.D. Medical Distribution Company, USA) angeschlossen. Hier erfolgte die

Narkoseerhaltung mit Isofluran (Isofluran CP®, CP-Pharma GmbH, Deutschland) in reinem Sauerstoff. Zusätzlich erhielten die Pferde der Gruppe X eine Xylazin-DTI mit einer Infusionsrate von 1 mg/kg/Std und Pferde der Gruppe D eine Dexmedetomidin-DTI mit einer Infusionsrate von 7 µg/kg/Std. Alle Pferde erhielten über die gesamte Versuchsdauer Ringer-Lösung (Ringer Ecobag click, B. Braun Melsungen AB, Deutschland) mit einer Infusionsrate von 10 ml/kg/Std. Die Isofluran-Konzentration wurde so angepasst, dass das Narkosestadium III/3 nach Guedel erreicht wurde. Die Überwachung der Narkosetiefe wurde hierzu anhand okulärer Schutzreflexe, der Bulbusposition sowie der Überwachung eventuell auftretender Muskeltonisierung bzw. Spontanbewegungen durchgeführt. Die Beatmung erfolgte mittels intermittierender Positivdruck-Beatmung mit einem positiven inspiratorischen Plateaudruck von 25 cm H_2O (Vet.Tec. Model JAVC 2000 J.D. Medical Distribution Company, USA). Die Atemfrequenz wurde so gewählt, dass eine Normokapnie ($PaCO_2$ zwischen 35-45 mmHg) gewährleistet werden konnte.

3.4 Versuchsdurchführung

Nachdem nach 45 min Anästhesiezeit eine stabile Narkosetiefe erreicht war, wurde die Bauchhöhle mittels einer medianen Laparotomie eröffnet. Eine Stunde nach Narkoseeinleitung wurde mit den Messungen begonnen. Es wurden hierbei 4 Baselinemessungen im Abstand von 15 min durchgeführt (60, 75, 90, 105 Minuten nach Narkoseinduktion). Im Anschluss an die vierte Baselinemessung wurde jedem Pferd ein Bolus MK-467 in der Dosierung 250 µg/kg verabreicht. Hierzu wurde die MK-467-Reinsubstanz in 50 ml sterilem Wasser für Injektionszwecke gelöst und über eine Spritzen-Infusionspumpe (Perfusor® Compact, B. Braun Melsungen AG, Deutschland) über einem Zeitraum von 10 Minuten i.v. injiziert. Die nächsten Messungen erfolgten 5 (M1), 10 (M2), 20 (M3), 35 (M4), 50 (M5), 65 (M6), 80 (M7) und 95 Minuten (M8) nach dem Ende der MK-467-Bolus-Applikation. Die Pferde verblieben im Anschluss an den Versuch in Allgemeinanästhesie und waren Teil einer anderen Studie. Im Anschluss an diese zweite Studie wurden die Tiere mittels Pentobarbital-Natrium 80 mg/kg KGW i.v. (Eutha® 400 mg/ml, Zoetis GmbH, Deutschland) euthanasiert und dem Institut für Anatomie der Stiftung Tierärztliche Hochschule Hannover zu Lehrzwecken überstellt.

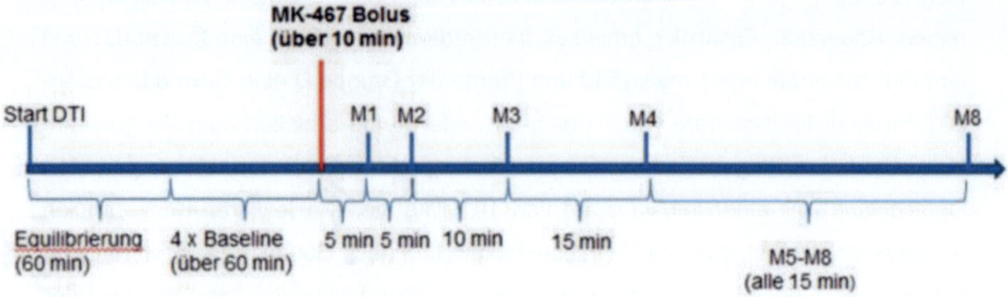

Abb. 3.1.: Darstellung des zeitlichen Versuchsablaufes: Beginn des Zeitstrahls ist die Narkoseinduktion und unmittelbar der Start der Dauertropfinfusion (DTI; in Gruppe X Xylazin-DTI (1 mg/kg KGW/Std); in Gruppe D Dexmedetomidin-DTI (7 µg/kg KGW/Std)). M1-M8 = Messzeitpunkte; Messungen wurden 5 (M1), 10 (M2), 20 (M3), 35 (M4), 50 (M5), 65 (M6), 80 (M7) und 95 Minuten (M8) nach dem Ende der MK-467-Bolus-Applikation durchgeführt.

3.5 Gemessene Perfusionsparameter

Gemessen und zu den entsprechenden Messzeitpunkten aufgezeichnet wurden der mittlere arterielle Blutdruck (MAP), der pulmonalarterielle Blutdruck (PAP), der zentral venöse Druck (CVP), das Herzminutenvolumen (CO) und die Herzfrequenz (HR). Weiterhin wurden der endexspiratorische Kohlenstoffdioxid-Partialdruck ($E_T CO_2$) und die Sauerstoff- (PaO2) und Kohlenstoffdioxid-Partialdrücke ($PaCO_2$) im arteriellen Blut erfasst. Zur Bestimmung der Mikroperfusion und Oxygenierung des Gastrointestinaltrakts wurden die Sauerstoffsättigung (SO_2) und der Blutfluss in der Mirkozirkulation (Flow) gemessen.

3.5.1 Messung des Herzminutenvolumens

Zur Bestimmung des Herzminutenvolumens (CO) wurde die Bolus-Thermodilutionsmethode verwendet. Um eine Messung durchzuführen wurde ein Volumen von 1ml/15 kg KGW einer eiskalten Natriumchlorid-Lösung (0,9%) durch den Herzkatheter in den rechten Vorhof injiziert. Die Injektion begann immer am Ende der Exspiration und dauerte ca. 5 Sekunden. Über Thermistoren, die mit einem Herzauswurf-Monitor (Datex-Ohmeda S/5™, GE-Healthcare Clinical Systems, USA) verbunden waren, wurde die Temperaturänderung des Blutes registriert und in eine

Dilutionskurve umgewandelt. Hierzu wurde über einen Thermistor die Temperatur des Injektats und über einen zweiten, am Ende des Swan-Ganz-Katheter befindlichen Thermistor, die Temperatur in der Pulmonalarterie bestimmt. Aus der auf dem Monitor ablesbaren Thermodilutionskurve wurde automatisch das Herzminutenvolumen kalkuliert und zu den entsprechenden Messzeitpunkten protokolliert. Es wurden immer fünf Injektionen durchgeführt und die drei am nächsten zusammenliegenden Werte zu einem Mittelwert zusammengefasst.
Aus den gemessenen Herzminutenvolumina wurde unter Einbeziehung des Körpergewichts des entsprechenden Versuchstieres der Herzminutenvolumen-Index (CI) berechnet:

CI = CO/ KGW [ml/kg/min]

Zusätzlich wurde aus dem Herzminutenvolumen-Index und der Herzfrequenz der Schlagvolumen-Index (SVI) ermittelt:

SVI = CI/HR [ml/kg/Schlag]

3.5.2 Messung der peripheren Perfusion

Die Messung der peripheren Perfusion des Gastrointestinaltrakts wurde mit dem O2C-Gerät (LEA Medizintechnik GmbH, Deutschland; siehe Literaturteil) an der eröffneten Bauchhöhle durchgeführt. Pro Messzeitpunkt wurden Messungen an drei verschiedenen Orten durchgeführt: der *Facies visceralis* des Magens, der Beckenflexur des *Colon ascendens* und im Bereich des mittleren Jejunums.
Zur Durchführung der Messungen wurde die Messsonde (Flachsonde LF-2) des O2C-Gerätes benutzt. Hierbei handelte es sich um eine Flachsonde mit 6 Kanälen, die je einen Kanal zur Einstrahlung des Weiß- bzw. Laserlichts, zwei Kanäle zur Laserdetektion und zwei Kanäle zur Weißlichtdetektion besitzt. Ausgesendet wurde Laserlicht mit einer Wellenlänge von 830 nm und Weißlicht in einem Wellenlängenbereich von 500-850 nm. Die Eindringtiefe betrug ca. 2,5 mm. Alle 50 ms wurden die Werte für Sauerstoffsättigung (SO_2 [%]) und Blutfluss (Flow [AU]) in der Mikrozirkulation des Gewebes ermittelt und gespeichert. Diese Werte wurden

über die Dauer des Messzeitraumes (30 Sekunden) zur weiteren Auswertung gemittelt.
Die Sonde wurde mit einer Hand und unter Fingerschutz in die Bauchhöhle eingeführt und mit immer gleichem, geringem Druck auf der Oberfläche des entsprechenden Organs platziert und für einen Zeitraum von mindestens 3 Atemzügen oder mindestens 30 Sekunden durchgeführt. Die Qualität des Laser-Doppler-Signals wurde über die Darstellung auf dem Monitor visuell kontrolliert. Bewegunsartefakte oder das nicht korrekte Aufliegen der Messsonde konnten so identifiziert und vor dem Aufzeichnen korrigiert werden. Zwischen den Messungen wurde die Bauchhöhle mit drei Backhausklemmen verschlossen, um eine Protrusion des Darms zu verhindern.

3.5.3 Messung des arteriellen, pulmonalarteriellen und zentralvenösen Drucks

Nach dem Verbringen des Pferdes in Allgemeinanästhesie wurde die Haut über der rechten *Arteria facialis* geschoren und gereinigt. Im Anschluss wurde ein Katheter (Venocan™ PLUS IV Catheter 20G.33 mm, KRUUSE A/S, Dänemark) in die Arterie eingebracht. Dieser periphere arterielle Katheter und die beiden Herzkatheter wurde mit je einem Druckwandler (Argon Safedraw™ Transducer, Argon Medical Devices Inc., USA) verbunden der auf Höhe des Schultergelenks angebracht war und ein Nullabgleich zum atmosphärischen Druck wurde durchgeführt. Über die Verbindung zum Narkoseüberwachungsmonitor wurden kontinuierlich der MAP, der PAP und CVP angezeigt und zu den entsprechenden Messzeitpunkten protokolliert.
Außerdem wurde zu jedem Messzeitpunkt der systemische Gefäßwiderstand (SVR) mit folgender Formel berechnet:

$$SVR = (MAP-CVP) \times 80 / CO \; [dyn*sek/cm^5]$$

3.5.4 Arterielle Blutgasanalyse

Zu allen Messzeitpunkten wurden arterielle Blutproben aus dem peripheren arteriellen Katheter mittels einer heparinisierten Spritze (PICO 50 Arterial Blood Sampler 2 ml, Radiometer Medical, Dänemark) entnommen und unmittelbar analysiert (Blutgasanalysator ABL 800, Radiometer GmbH, Deutschland). Hierbei wurde jeweils der arterielle Sauerstoffpartialdruck (PaO_2) und der arterielle Kohlestoffdioxidpartialdruck ($PaCO_2$) aufgezeichnet.

3.5.5 Weitere Messungen

Bei allen Pferden wurden Elektrokardiogramm (EKG)-Elektroden angebracht (modifizierte bipolare Brustwandableitung) und das EKG über die ganze Versuchsdauer auf dem Narkoseüberwachungsmonitor angezeigt und überwacht, sowie die Herzfrequenz zu jedem Messzeitpunkt protokolliert.
Zusätzlich wurde das Y-Stück des Atemkreises über einen Schlauch mit dem Nebenstrom-Kapnographen des Narkoseüberwachungsmonitors verbunden und der E_TCO_2 angezeigt und entsprechend festgehalten. Das alveoläre Totraumvolumen (alvDS [%]) wurde im Anschluss wie folgt berechnet:

$$alvDS = P_aCO_2 - E_TCO_2 / P_aCO_2 \times 100\ [\%]$$

3.6 Datenauswertung und Statistik

Die Mikroperfusions- und Oxygenierungsparameter (Flow und SO_2) wurden vom O2C während der Messung alle 50 Millisekunden gespeichert. Alle Daten wurden in eine Tabelle übertragen (Microsoft EXEL 2010) und die Daten einer Messperiode (30 Sekunden) wurden gemittelt. So ergab sich für jeden Probanden ein Wert pro Messzeitpunkt. Die 4 Baseline-Werte wurden pro Proband auf Normalverteilung getestet (Shapiro-Wilks-test, $p<0,05$) und mittels t-Test (Software: GraphPad PRISM 6; GraphPad Software, Inc. USA) wurde geprüft, ob signifikante Unterschiede zwischen den einzelnen Baseline-Messungen vorlagen. Da keine signifikanten Unterschiede vorlagen, wurden die 4 Messungen zu einem Mittelwert pro Proband zusammengefasst.
Die Daten wurden anschließend mittels der Statistiksoftware SAS 9.3 (SAS Institute Inc. Cary, USA) analysiert. Durch visuelle Analyse der Q-Q-Plots und Shapiro-Wilks-test ($p<0,05$) wurde ermittelt, dass die Daten größtenteils nicht normalverteil waren.
Anschließend wurden die Daten der beiden Gruppe auf Unterschiede zwischen den Gruppen zu den einzelnen Messzeitpunkten untersucht. Hierzu wurde ein Permutationstest durchgeführt und α auf 0,006 adjustiert (Bonferroni Adjustierung).

Ob Unterschiede innerhalb der Gruppen zwischen den Baseline-Werten und den Werten der anderen Messzeitpunkte bestanden wurde mittels Wilcoxon-Rank-Sum-Test untersucht ($p<0,05$).

Die Daten wurden mithilfe von GraphPad PRISM 6 (GraphPad Software, Inc. USA) als Graphen dargestellt. Im Weiteren sind die Daten als Median und Perzentile (25. Perzentil /75. Perzentil) angegeben.

4 Ergebnisse

4.1 Globale Kreislaufparameter

Bei der Messung der globalen Kreislaufparameter gab es keinerlei signifikante Unterschiede zwischen den Baseline-Messungen innerhalb und zwischen den beiden Gruppen. Die Ergebnisse der Messung der globalen Kreislaufparameter sind zum Teil als Tabelle (Anhang 1) im Anhang aufgeführt.

4.1.1 Blutdrücke

Die Messwerte des mittleren arteriellen Blutdrucks sind in Abbildung 4.1. und Anhang 1 dargestellt. Die Messungen ergaben einen signifikanten Blutdruckabfall nach der Applikation von MK-467 in beiden Gruppen ($p < 0,001$ in beiden Gruppen). Der MAP verringerte sich in der Xylazin-Gruppe von 87 (73/98) mmHg zum Zeitpunkt B auf 43 (34/48) mmHg zum Messzeitpunkt M1. In der Dexmedetomidin-Gruppe fiel der Blutdruck von 73 (66/90) mmHg (B) auf 32 (29/36) mmHg (M1). Dies entspricht einem Abfall von 48 % in Gruppe X und 58 % in Gruppe D.

Baseline-Niveau erreichten die Blutdruckwerte in Gruppe X 80 Minuten (M7) und in Gruppe D 95 Minuten (M8) nach der MK-467-Applikation.

Vom ersten Messzeitpunkt (M1) bis einschließlich zum Messzeitpunkt M6 war der MAP in Gruppe D signifikant niedriger als in der Gruppe X.

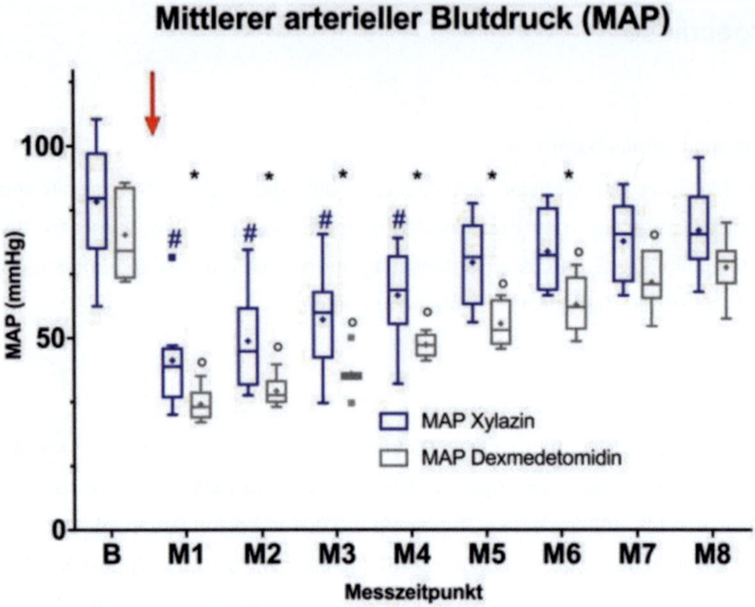

Abb. 4.1.: Darstellung des mittleren arteriellen Blutdrucks (MAP [mmHg]) zu den Messzeitpunkten.
B= Baseline-Messung (Mittelwert der Messungen 60, 75, 90, 105 Minuten nach Narkoseinduktion und Start der Dauertropfinfusion; Xylazin 1 mg/kg/Std; Dexmedetomidin 7 µg/kg/Std); roter Pfeil: MK-467-Applikation (250 µg/kg) 110 Minuten nach Induktion der Narkose;
M1-M8 = Messzeitpunkte (Messungen 5 (M1), 10 (M2), 20 (M3), 35 (M4), 50 (M5), 65 (M6), 80 (M7) und 95 Minuten (M8) nach MK-467-Applikation); Darstellung als Tukey-Box-Plot mit Median (Linie) und Mittelwert (Punkt).
signifikanter (p< 0,05) Unterschied zum Messzeitpunkt B (Baseline) in Gruppe X,
° signifikanter (p<0,05) Unterschied zum Messzeitpunkt B (Baseline) in Gruppe D,
* signifikanter (p<0,05) Unterschied zwischen den Gruppen.

4.1.2 Der zentralvenöse und pulmonalarterielle Druck

Der zentralvenöse und der pulmonalarterielle Druck zeigten über die gesamte Versuchsdauer keine statistisch signifikanten Veränderungen (Abb. 4.2. und 4.3.). Auch zwischen den Gruppen waren keine statistisch signifikanten Unterschiede zu beobachten.

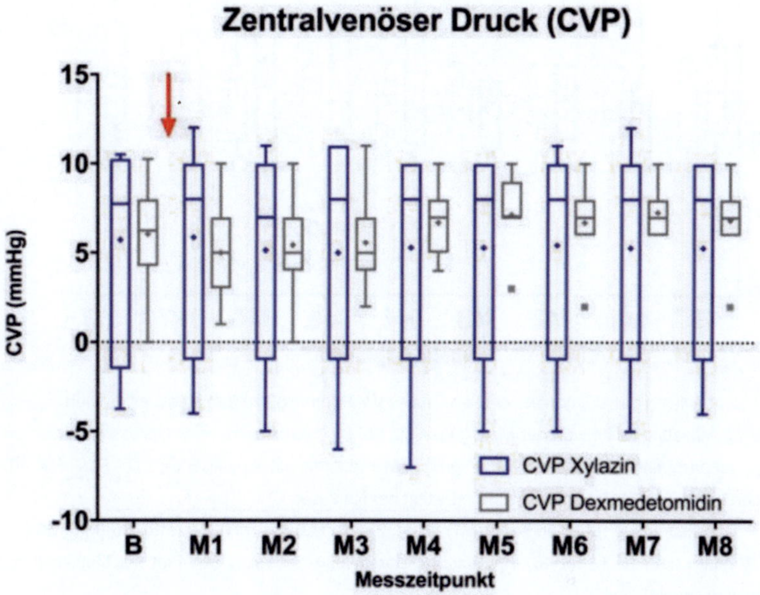

Abb. 4.2.: Darstellung des zentralvenösen Drucks (CVP [mmHg]) zu den Messzeitpunkten.
B= Baseline-Messung (Mittelwert der Messungen 60, 75, 90, 105 Minuten nach Narkoseinduktion und Start der Dauertropfinfusion; Xylazin 1 mg/kg/Std; Dexmedetomidin 7 µg/kg/Std); roter Pfeil: MK-467-Applikation (250 µg/kg) 110 Minuten nach Induktion der Narkose;
M1-M8 = Messzeitpunkte (Messungen 5 (M1), 10 (M2), 20 (M3), 35 (M4), 50 (M5), 65 (M6), 80 (M7) und 95 Minuten (M8) nach MK-467-Applikation); Darstellung als Tukey-Box-Plot mit Median (Linie) und Mittelwert (Punkt).

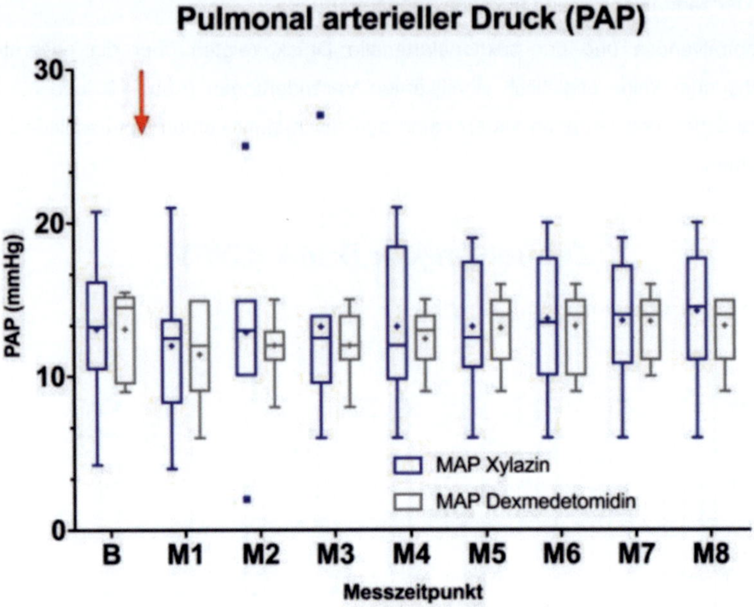

Abb. 4.3.: Darstellung des pulmonalarteriellen Drucks (PAP [mmHg]) zu den Messzeitpunkten B= Baseline-Messung (Mittelwert der Messungen 60, 75, 90, 105 Minuten nach Narkoseinduktion und Start der Dauertropfinfusion; Xylazin 1 mg/kg/Std; Dexmedetomidin 7 µg/kg/Std); roter Pfeil: MK-467-Applikation (250 µg/kg) 110 Minuten nach Induktion der Narkose;
M1-M8 = Messzeitpunkte (Messungen 5 (M1), 10 (M2), 20 (M3), 35 (M4), 50 (M5), 65 (M6), 80 (M7) und 95 Minuten (M8) nach MK-467-Applikation); Darstellung als Tukey-Box-Plot mit Median (Linie) und Mittelwert (Punkt).

4.1.3 Systemischer Gefäßwiderstand

Der systemische Gefäßwiderstand nahm nach der i.v. Verabreichung von MK-467 statistisch signifikant in beiden Gruppen ab (Abb 4.4., Anhang 1). In Gruppe X fiel der SVR um 68 %, von 275,2 (199,5/310,6) dyn*sek/cm^5 (Zeitpunkt B) auf 86,2 (69,7/125,4) dyn*sek/cm^5 (Zeitpunkt M1, $p < 0{,}001$). In Gruppe D verringerte sich der SVR um 73 %. Ausgehend von einem Baseline-Wert von 214,4 (163,6/245,7) dyn*sek/cm^5 fiel der SVR auf einen Wert von 58,6 (52,6/64,4) dyn*sek/cm^5 zum Messzeitpunkt M1 ($p < 0{,}001$). Der systemische Gefäßwiderstand erreichte in der Xylazin-Gruppe 80 Minuten nach MK-467-Applikation wieder Baseline-Niveau, wohingegen in Gruppe Dexmedetomidin erst nach 95 Minuten wieder das Niveau des Ausgangswertes erreicht wurde.

Über alle Messzeitpunkte nach der Verabreichung von MK-467 (M1-M8) war der SVR in Gruppe D signifikant niedriger als in Gruppe X.

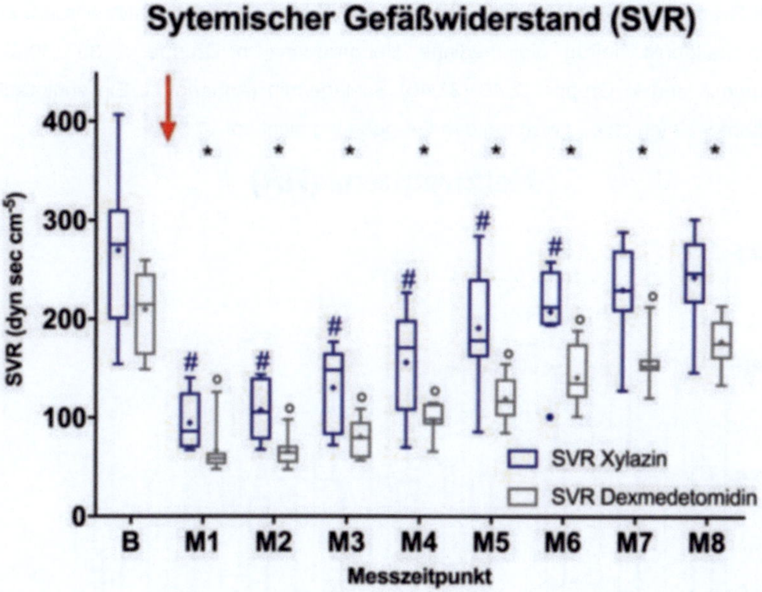

Abb. 4.4.: Darstellung des systemischen Gefäßwiderstandes (SVR [dyn/sek/cm^5]) zu den Messzeitpunkten

B= Baseline-Messung (Mittelwert der Messungen 60, 75, 90, 105 Minuten nach Narkoseinduktion und Start der Dauertropfinfusion; Xylazin 1 mg/kg/Std; Dexmedetomidin 7 µg/kg/Std); roter Pfeil: MK-467-Applikation (250 µg/kg) 110 Minuten nach Induktion der Narkose;

M1-M8 = Messzeitpunkte (Messungen 5 (M1), 10 (M2), 20 (M3), 35 (M4), 50 (M5), 65 (M6), 80 (M7) und 95 Minuten (M8) nach MK-467-Applikation); Darstellung als Tukey-Box-Plot mit Median (Linie) und Mittelwert (Punkt).

signifikanter (p< 0,05) Unterschied zum Messzeitpunkt B (Baseline) in Gruppe X

° signifikanter (p<0,05) Unterschied zum Messzeitpunkt B (Baseline) in Gruppe D

* signifikanter (p<0,05) Unterschied zwischen den Gruppen

4.1.4 Herzfrequenz

Baseline-Werte für die Herzfrequenz lagen in Gruppe X bei 29 (28/36) Schläge/min und in Gruppe D bei 31 (28/38) Schläge/min (Anhang 1). Nach der Verabreichung von MK-467 kam es in beiden Gruppen zu einem Anstieg der Herzfrequenz, der aber nur in der Dexmedetomidin-Gruppe zu den Messzeitpunkten M1 (p < 0,004) und M2 (p < 0,005) signifikant war (Abb. 4.5.). Der größte Anstieg der Herzfrequenz konnte in beiden Gruppen fünf Minuten nach dem MK-467-Bolus (M1) beobachtet werden. Zu diesem Zeitpunkt betrug die mediane Herzfrequenz in Gruppe X 35 (30/37) Schläge/min und in Gruppe D 40 (35/40) Schläge/min (Anhang 1). Ein statistisch signifikanter Unterschied zwischen den Gruppen lag nicht vor.

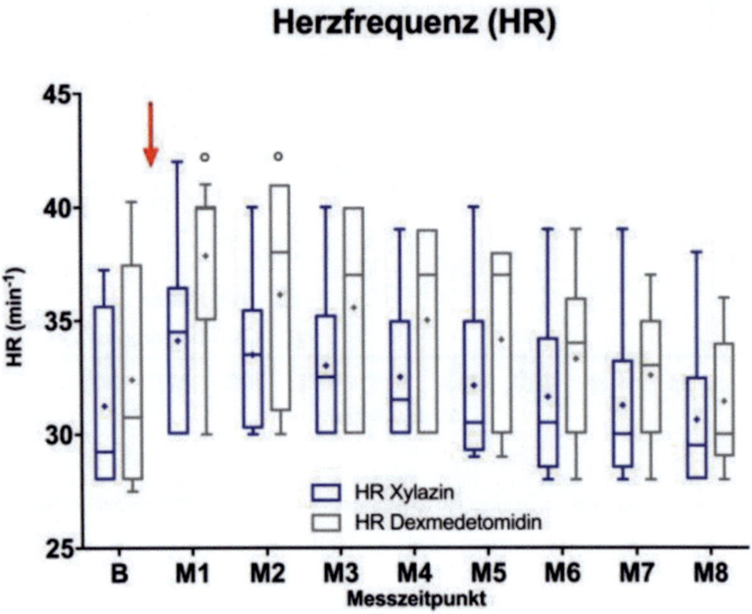

Abb. 4.5.: Darstellung der Herzfrequenz (HR [Schläge/min]) zu den Messzeitpunkten.

B= Baseline-Messung (Mittelwert der Messungen 60, 75, 90, 105 Minuten nach Narkoseinduktion und Start der Dauertropfinfusion; Xylazin 1 mg/kg/Std; Dexmedetomidin 7 µg/kg/Std); roter Pfeil: MK-467-Applikation (250 µg/kg) 110 Minuten nach Induktion der Narkose;

M1-M8 = Messzeitpunkte (Messungen 5 (M1), 10 (M2), 20 (M3), 35 (M4), 50 (M5), 65 (M6), 80 (M7) und 95 Minuten (M8) nach MK-467-Applikation); Darstellung als Tukey-Box-Plot mit Median (Linie) und Mittelwert (Punkt).

° signifikanter (p<0,05) Unterschied zum Messzeitpunkt B (Baseline) in Gruppe D

4.1.5 Herzminutenvolumen-Index

Für den Herzminutenvolumen-Index wurden in der Xylazin-Gruppe Baseline-Mittelwerte von 50,5 (43,9/57,2) ml/kg/min und in der Dexmedetomidin-Gruppe von 50,2 (44/53,8) mml/kg/min berechnet (Anhang 1).

Die Verabreichung des MK-467-Bolus führte, mit Ausnahme eines Probanden, bei allen Pferden zu einem Anstieg des CI. Dieser Anstieg war in Gruppe X ab dem Zeitpunkt M1 ($p < 0,001$) und in Gruppe D ab Zeitpunkt M2 ($p < 0,001$) statistisch signifikant (Abb. 4.6.).

Der maximale CI war in beiden Gruppen zum Messzeitpunkt M2 erreicht (68,9 (62,3/77)) ml/kg/min in Gruppe X; 70,7 (56,4/77,4) ml/kg/min in Gruppe D) (Anhang 1). Im Vergleich zur Baseline-Messung steigerte sich der CI um 26 % (Gruppe X) bzw. 29 % (Gruppe D). 50 Minuten nach der Gabe von MK-467 (M5) erreichten die Werte des CI in der Dexmedetomidin-Gruppe wieder Baseline-Niveau. In der Xylazin-Gruppe war dies erst 15 Minuten später zum Messzeitpunkt M6 der Fall.

Proband Nr. 2 der Dexmedetomidin-Gruppe reagierte mit einem Abfall des CI (von 39 ml/kg/min auf 27 ml/kg/min) auf die MK-467-Applikation. Zum Zeitpunkt M1 ließ sich dieser Proband mittels Grubbs-Test ($\alpha = 0,05$) als statistischer Ausreißer identifizieren.

Über die gesamte Versuchsdauer gab es keinen signifikanten Unterschied zwischen der Gruppe Dexmedetomidin und der Gruppe Xylazin bezüglich des CI.

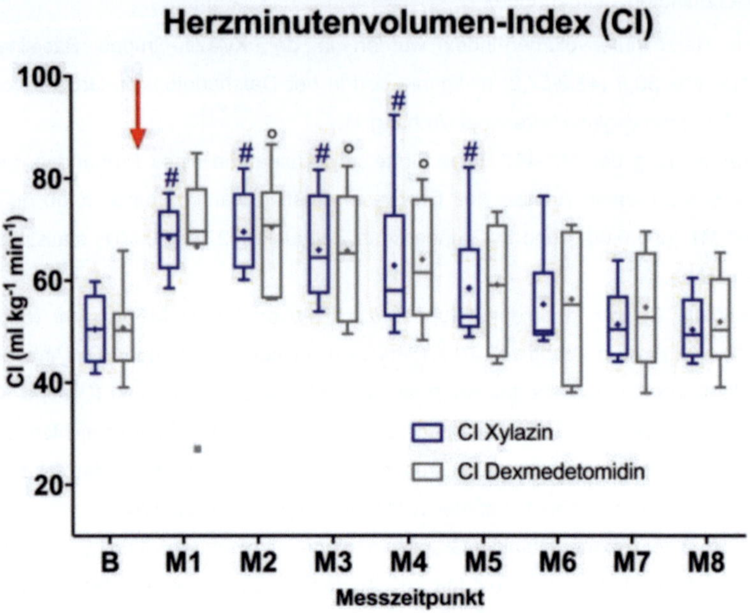

Abb. 4.6.: Darstellung des Herzminutenvolumen-Index (CI [ml/kg/min]) zu den Messzeitpunkten.

B= Baseline-Messung (Mittelwert der Messungen 60, 75, 90, 105 Minuten nach Narkoseinduktion und Start der Dauertropfinfusion; Xylazin 1 mg/kg/Std; Dexmedetomidin 7 µg/kg/Std); roter Pfeil: MK-467-Applikation (250 µg/kg) 110 Minuten nach Induktion der Narkose;

M1-M8 = Messzeitpunkte (Messungen 5 (M1), 10 (M2), 20 (M3), 35 (M4), 50 (M5), 65 (M6), 80 (M7) und 95 Minuten (M8) nach MK-467-Applikation); Darstellung als Tukey-Box-Plot mit Median (Linie) und Mittelwert (Punkt).

signifikanter (p< 0,05) Unterschied zum Messzeitpunkt B (Baseline) in Gruppe X

° signifikanter (p<0,05) Unterschied zum Messzeitpunkt B (Baseline) in Gruppe D

4.1.6 Schlagvolumenindex

Die Berechnung des SVI ergab einen deutlichen Anstieg nach der MK-467-Applikation. Der SVI war in der Xylazin-Gruppe ab dem Messzeitpunkt M1 ($p < 0{,}003$) und in der Dexmedetomidin-Gruppe ab dem Messzeitpunkt M2 ($p < 0{,}001$) statistisch signifikant größer als die Ausgangswerte zum Zeitpunkt B (Abb. 4.7.; Baseline-Gruppe X: 1,6 (1,5/1,7) ml/kg/Schlag; Baseline-Gruppe D: 1,8 (1,4/1,8) ml/kg/Schlag siehe Anhang 1). Maximalwerte für den SVI betrugen in Gruppe X 2,2 (1,9/2,2) ml/kg/Schlag und in Gruppe D 2,0 (1,8/2,1) ml/kg/Schlag. Diese Maximalwerte wurden in beiden Gruppen 10 Minuten nach dem MK-467-Bolus (M2) erreicht. In beiden Gruppen erreichten die Werte zum Messzeitpunkt M6 wieder das Niveau ihrer Ausgangswerte. Zu keinem Messzeitpunkt bestand ein signifikanter Unterschied zwischen den Gruppen.

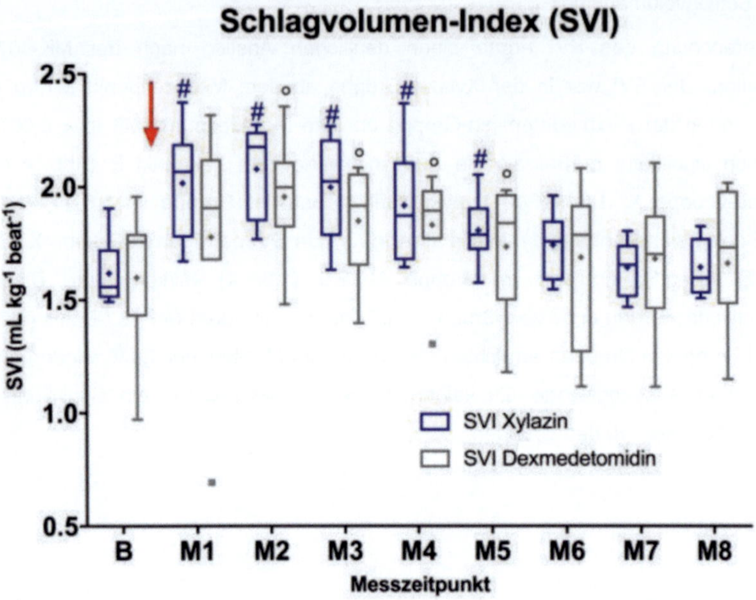

Abb. 4.7.: Darstellung des Schlagvolumenindex (SVI [ml/kg/Schlag]) zu den Messzeitpunkten.

B= Baseline-Messung (Mittelwert der Messungen 60, 75, 90, 105 Minuten nach Narkoseinduktion und Start der Dauertropfinfusion; Xylazin 1 mg/kg/Std; Dexmedetomidin 7 µg/kg/Std); roter Pfeil: MK-467-Applikation (250 µg/kg) 110 Minuten nach Induktion der Narkose;

M1-M8 = Messzeitpunkte (Messungen 5 (M1), 10 (M2), 20 (M3), 35 (M4), 50 (M5), 65 (M6), 80 (M7) und 95 Minuten (M8) nach MK-467-Applikation); Darstellung als Tukey-Box-Plot mit Median (Linie) und Mittelwert (Punkt).

signifikanter (p< 0,05) Unterschied zum Messzeitpunkt B (Baseline) in Gruppe X

° signifikanter (p<0,05) Unterschied zum Messzeitpunkt B (Baseline) in Gruppe D

4.1.7 Alveoläres Totraumvolumen

Das alveoläre Totraumvolumen zeigte keine relevanten Veränderungen nach der Applikation von MK-467. Lediglich zum Zeitpunkt M4 ($p < 0{,}001$) und M7 ($p < 0{,}002$) in Gruppe X waren die Werte für den alveolären Totraum statistisch signifikant unterschiedlich im Vergleich zur Baseline (Abb. 4.8.).

4.1.7 Alveoläres Totraumvolumen

Das alveoläre Totraumvolumen zeigte keine relevanten Veränderungen nach der Applikation von MK-467. Lediglich zum Zeitpunkt M4 (p < 0,001) und M7 (p < 0,002)

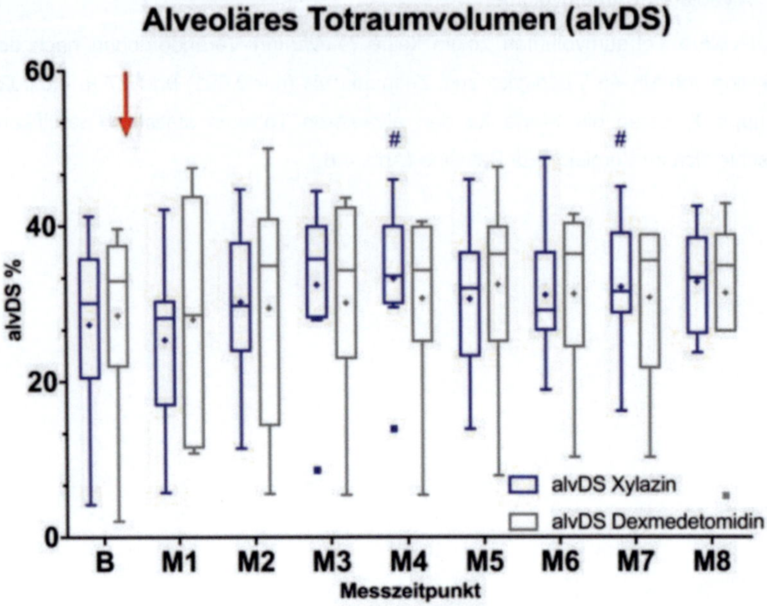

Abb. 4.8.: Darstellung des alveolären Totraumvolumens (alvDS [%]) zu den Messzeitpunkten.

B= Baseline-Messung (Mittelwert der Messungen 60, 75, 90, 105 Minuten nach Narkoseinduktion und Start der Dauertropfinfusion; Xylazin 1 mg/kg/Std; Dexmedetomidin 7 µg/kg/Std); roter Pfeil: MK-467-Applikation (250 µg/kg) 110 Minuten nach Induktion der Narkose;

M1-M8 = Messzeitpunkte (Messungen 5 (M1), 10 (M2), 20 (M3), 35 (M4), 50 (M5), 65 (M6), 80 (M7) und 95 Minuten (M8) nach MK-467-Applikation); Darstellung als Tukey-Box-Plot mit Median (Linie) und Mittelwert (Punkt).

signifikanter ($p<0,05$) Unterschied zum Messzeitpunkt B (Baseline) in Gruppe X

° signifikanter ($p<0,05$) Unterschied zum Messzeitpunkt B (Baseline) in Gruppe D

4.1.8 Ergebnisse der Messung des PaO_2 und $PaCO_2$

Der PaO_2 umfasste eine Wertespanne über alle Messzeitpunkte von 60 bis 352 mmHg in der Gruppe X und von 60 bis 350 mmHg in Gruppe D. Der arterielle Kohlenstoffdioxid-Partialdruck bewegte sich innerhalb einer Wertespanne von 33 bis 45 mmHg in beiden Gruppen.

4.2 Mikroperfusion

Die vier Baseline-Messungen der Mikroperfusion unterschieden sich an keinem der gemessenen Organe signifikant. Auch zwischen den beiden Gruppen gab es keine signifikanten Unterschiede der Baseline-Messungen.

4.2.1 Dünndarmperfusion

Der mittlere Baseline-Wert für den Dünndarm-Flow lag bei 430 (415/457) AU in Gruppe X und 407 (380/424) AU in Gruppe D. Nach der Applikation von MK-467 kam es in Gruppe X und Gruppe D zu einem statistisch signifikanten Abfall der Dünndarm-Perfusion ($p < 0,001$; Abb. 4.9.). Der Blutfluss verringerte sich um 33 % in Gruppe X und um 26 % in Gruppe D. Zum Messzeitpunkt M1 betrug der Flow 295 (255/334) AU in Gruppe X und 289 (270/318) AU in Gruppe D. Dieser signifikante Abfall hielt in beiden Gruppen bis zum Messzeitpunkt M3 an. Ein Unterschied in der Dünndarmperfusion zwischen den Gruppen lag zum Zeitpunkt M3 vor: Zu diesem Messzeitpunkt war der Flow in der Gruppe D signifikant niedriger als in Gruppe X ($p < 0,006$).

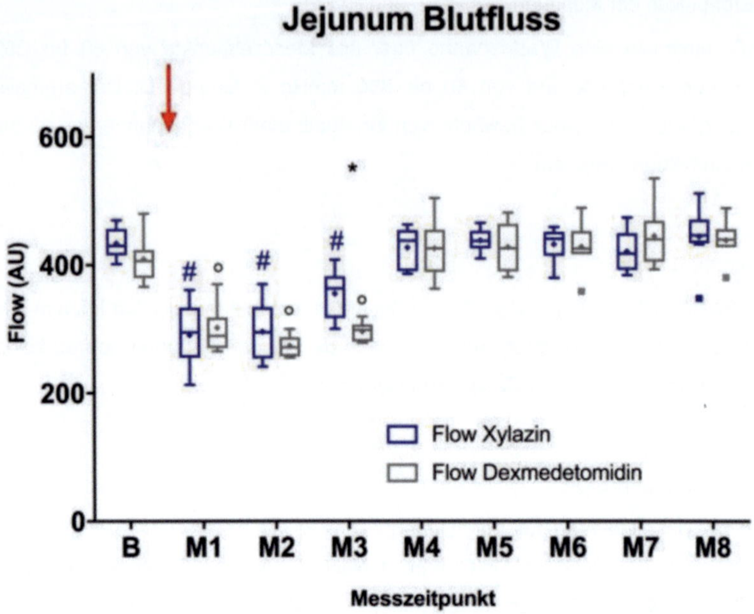

Abb. 4.9.: Darstellung des mittels O2C gemessenen Blutflusses (Flow [AU]) am Dünndarm zu den Messzeitpunkten.

B= Baseline-Messung (Mittelwert der Messungen 60, 75, 90, 105 Minuten nach Narkoseinduktion und Start der Dauertropfinfusion; Xylazin 1 mg/kg/Std; Dexmedetomidin 7 µg/kg/Std); roter Pfeil: MK-467-Applikation (250 µg/kg) 110 Minuten nach Induktion der Narkose;

M1-M8 = Messzeitpunkte (Messungen 5 (M1), 10 (M2), 20 (M3), 35 (M4), 50 (M5), 65 (M6), 80 (M7) und 95 Minuten (M8) nach MK-467-Applikation); Darstellung als Tukey-Box-Plot mit Median (Linie) und Mittelwert (Punkt).

signifikanter ($p < 0,05$) Unterschied zum Messzeitpunkt B (Baseline) in Gruppe X

° signifikanter ($p<0,05$) Unterschied zum Messzeitpunkt B (Baseline) in Gruppe D

* signifikanter ($p<0,05$) Unterschied zwischen den Gruppen

4.2.2 Kolonperfusion

Am Kolon war ein signifikanter Abfall des Blutflusses nach der MK-467-Applikation in beiden Gruppen zu verzeichnen ($p < 0,001$; Abb. 4.10.). Der Blutfluss sank von einem Baseline-Wert von 485 (457/495) AU in Gruppe X und 480 (467/497) AU in Gruppe D auf 323 (297/369) AU (Gruppe X) bzw. 268 (254/319) AU (Gruppe D) zum Messzeitpunkt M1. Dies entspricht einem Abfall um 34 % in Gruppe X und um 44 % in Gruppe D. Weiterhin war zum Zeitpunkt M3 der Blutfluss in der Dexmedetomidin-Gruppe signifikant niedriger als in der Xylazin-Gruppe ($p < 0,02$).

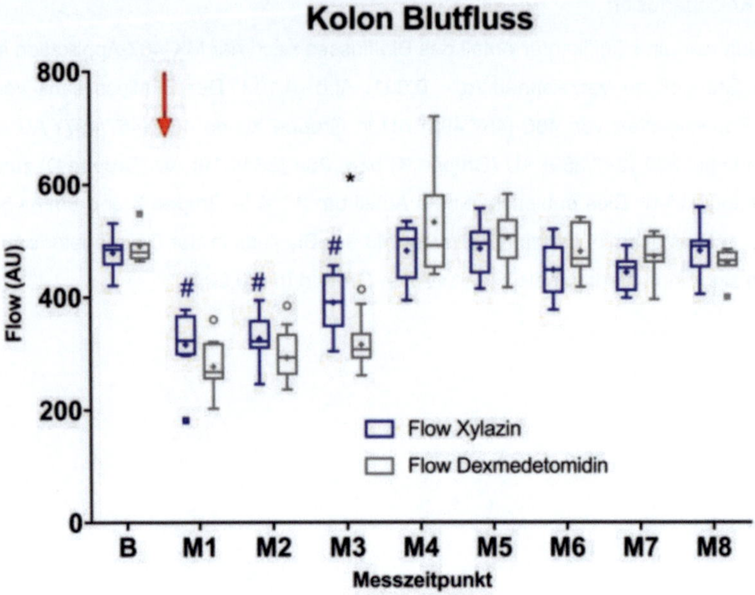

Abb. 4.10.: Darstellung des mittels O2C gemessenen Blutflusses (Flow [AU]) am Colon am Dünndarm zu den Messzeitpunkten.

B= Baseline-Messung (Mittelwert der Messungen 60, 75, 90, 105 Minuten nach Narkoseinduktion und Start der Dauertropfinfusion; Xylazin 1 mg/kg/Std; Dexmedetomidin 7 µg/kg/Std); roter Pfeil: MK-467-Applikation (250 µg/kg) 110 Minuten nach Induktion der Narkose;

M1-M8 = Messzeitpunkte (Messungen 5 (M1), 10 (M2), 20 (M3), 35 (M4), 50 (M5), 65 (M6), 80 (M7) und 95 Minuten (M8) nach MK-467-Applikation); Darstellung als Tukey-Box-Plot mit Median (Linie) und Mittelwert (Punkt)..

signifikanter ($p < 0,05$) Unterschied zum Messzeitpunkt B (Baseline) in Gruppe X

° signifikanter ($p<0,05$) Unterschied zum Messzeitpunkt B (Baseline) in Gruppe D

* signifikanter ($p<0,05$) Unterschied zwischen den Gruppen

4.2.3 Magenperfusion

Am Magen kam es ebenfalls zu einem signifikanten Abfall des Blutflusses nach dem MK-467-Bolus in beiden Gruppen (p < 0,001; Abb. 4.11.). Der Flow fiel von 398 (380/402) AU (Gruppe X) und 396 (374/415) AU (Gruppe D) zum Messzeitpunkt B auf 272 (212/283) AU (Gruppe X) bzw. 246 (220/264) AU (Gruppe D) ab (-35 % in Gruppe X; -37 % in Gruppe D). Diese Reduzierung des Blutflusses war in beiden Gruppen über die Messzeitpunkte M1 bis M3 statistisch signifikant im Vergleich zur Baseline. Zum Messzeitpunkt M3 war der Blutfluss am Magen in der Gruppe D signifikant niedriger als in der Gruppe X (p < 0,02).

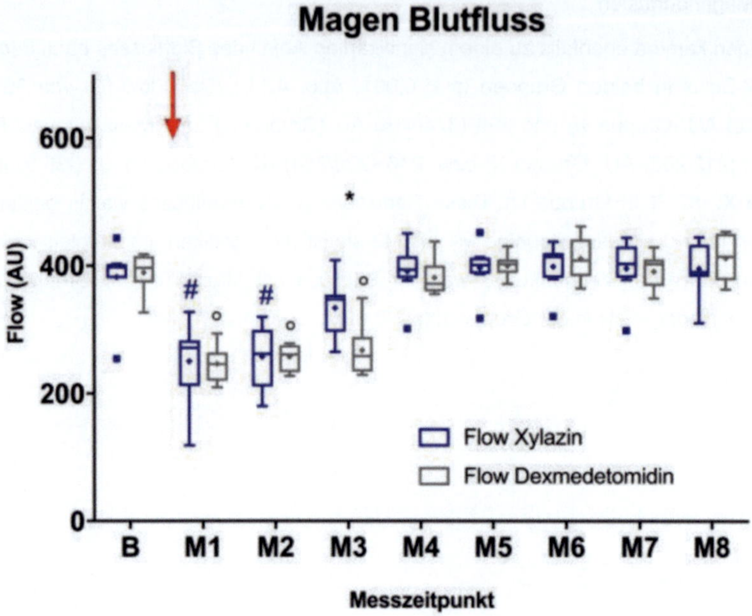

Abb. 4.11.: Darstellung des mittels O2C gemessenen Blutflusses (Flow [AU]) am Magen zu den Messzeitpunkten.

B= Baseline-Messung (Mittelwert der Messungen 60, 75, 90, 105 Minuten nach Narkoseinduktion und Start der Dauertropfinfusion; Xylazin 1 mg/kg/Std; Dexmedetomidin 7 µg/kg/Std); roter Pfeil: MK-467-Applikation (250 µg/kg) 110 Minuten nach Induktion der Narkose;

M1-M8 = Messzeitpunkte (Messungen 5 (M1), 10 (M2), 20 (M3), 35 (M4), 50 (M5), 65 (M6), 80 (M7) und 95 Minuten (M8) nach MK-467-Applikation); Darstellung als Tukey-Box-Plot mit Median (Linie) und Mittelwert (Punkt).

signifikanter ($p< 0,05$) Unterschied zum Messzeitpunkt B (Baseline) in Gruppe X

° signifikanter ($p<0,05$) Unterschied zum Messzeitpunkt B (Baseline) in Gruppe D

* signifikanter ($p<0,05$) Unterschied zwischen den Gruppen

4.3 Gewebeoxygenierung

4.3.1 Dünndarmoxygenierung

Die Gewebesauerstoffsättigung des gemessenen Dünndarmabschnitts veränderte sich nicht signifikant nach der Verabreichung von MK-467 (Abb. 4.12.). Zu keinem Zeitpunkt lag ein Unterschied zwischen den Gruppen vor.

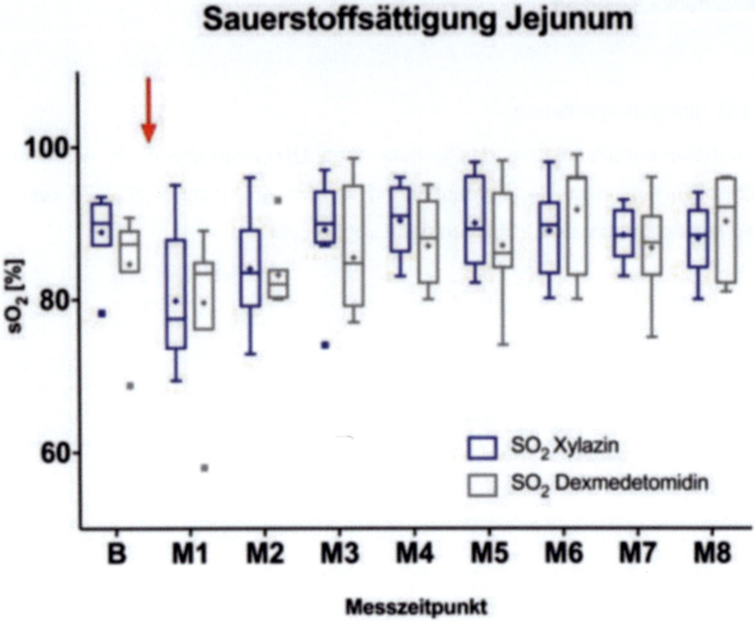

Abb. 4.12.: Darstellung der mittels O2C gemessenen Sauerstoffsättigung (sO_2 in Prozent) am Dünndarm zu den Messzeitpunkten.

B= Baseline-Messung (Mittelwert der Messungen 60, 75, 90, 105 Minuten nach Narkoseinduktion und Start der Dauertropfinfusion; Xylazin 1 mg/kg/Std; Dexmedetomidin 7 µg/kg/Std); roter Pfeil: MK-467-Applikation (250 µg/kg) 110 Minuten nach Induktion der Narkose;

M1-M8 = Messzeitpunkte (Messungen 5 (M1), 10 (M2), 20 (M3), 35 (M4), 50 (M5), 65 (M6), 80 (M7) und 95 Minuten (M8) nach MK-467-Applikation); Darstellung als Tukey-Box-Plot mit Median (Linie) und Mittelwert (Punkt).

4.3.2 Kolonoxygenierung

Wie auch am Dünndarm veränderte sich die Gewebesauerstoffsättigung des Kolons nicht signifikant durch die Verabreichung von MK-467. Lediglich 50 Minuten nach MK-467-Gabe (M5) waren die Werte in der Dexmedetomidin-Gruppe mit einer Gewebesauerstoffsättigung von 87 (84/89) % statistisch signifikant niedriger als in der Xylazin-Gruppe (90 (85/96) %; $p < 0,02$; Abb. 4.13.)

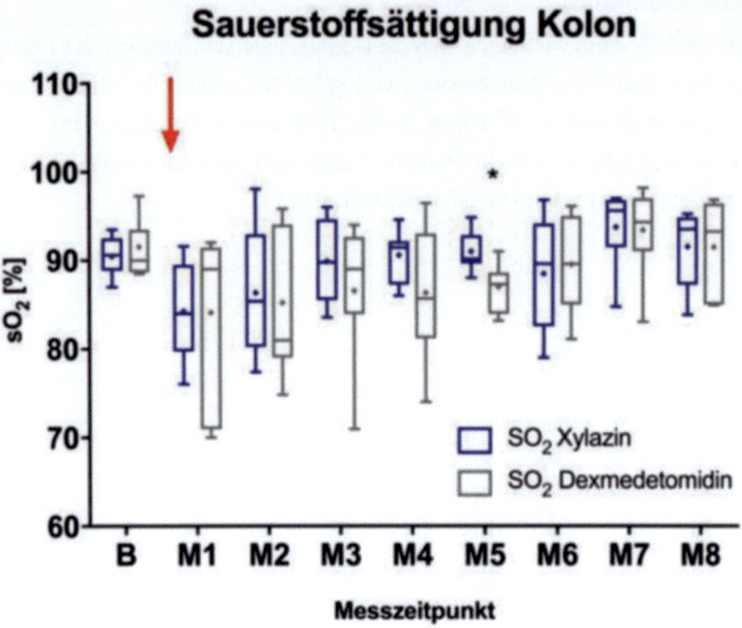

Abb. 4.13.: Darstellung der mittels O2C gemessenen Sauerstoffsättigung (sO_2 in Prozent) am Kolon zu den Messzeitpunkten.

B= Baseline-Messung (Mittelwert der Messungen 60, 75, 90, 105 Minuten nach Narkoseinduktion und Start der Dauertropfinfusion; Xylazin 1 mg/kg/Std; Dexmedetomidin 7 µg/kg/Std); roter Pfeil: MK-467-Applikation (250 µg/kg) 110 Minuten nach Induktion der Narkose;

M1-M8 = Messzeitpunkte (Messungen 5 (M1), 10 (M2), 20 (M3), 35 (M4), 50 (M5), 65 (M6), 80 (M7) und 95 Minuten (M8) nach MK-467-Applikation); Darstellung als Tukey-Box-Plot mit Median (Linie) und Mittelwert (Punkt).

* signifikanter ($p<0,05$) Unterschied zwischen den Gruppen.

4.3.3 Magenoxygenierung

Die Gewebesauerstoffsättigung des Magens zeigte über die gesamte Versuchsdauer keine statistisch signifikanten Veränderungen und auch zwischen den Gruppen konnte kein Unterschied festgestellt werden (Abb. 4.14.).

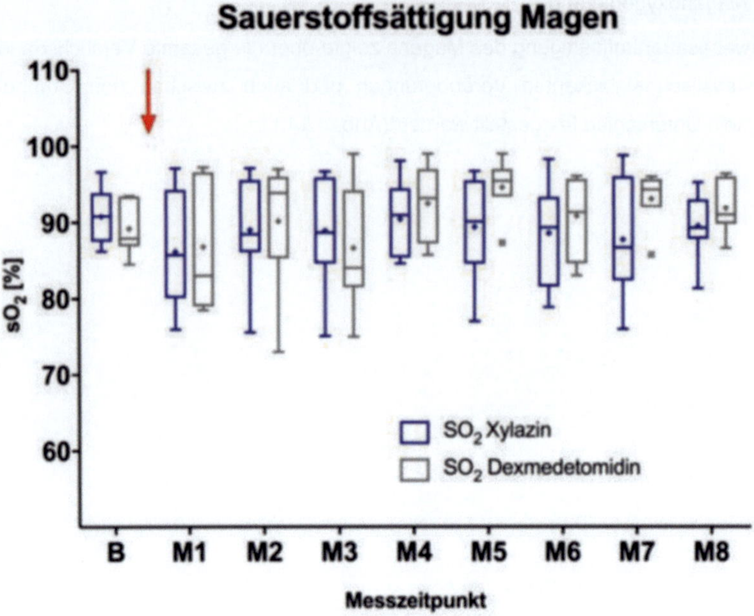

Abb. 4.14.: Darstellung der mittels O2C gemessenen Sauerstoffsättigung (sO_2 in Prozent) am Magen zu den Messzeitpunkten.

B= Baseline-Messung (Mittelwert der Messungen 60, 75, 90, 105 Minuten nach Narkoseinduktion und Start der Dauertropfinfusion; Xylazin 1 mg/kg/Std; Dexmedetomidin 7 µg/kg/Std); roter Pfeil: MK-467-Applikation (250 µg/kg) 110 Minuten nach Induktion der Narkose;

M1-M8 = Messzeitpunkte (Messungen 5 (M1), 10 (M2), 20 (M3), 35 (M4), 50 (M5), 65 (M6), 80 (M7) und 95 Minuten (M8) nach MK-467-Applikation); Darstellung als Tukey-Box-Plot mit Median (Linie) und Mittelwert (Punkt).

5 Diskussion

5.1 Diskussion der Methode

5.1.1 Angewandte Pharmaka, verwendete Dosierungen

Die Untersuchungen der vorliegenden Studie erfolgten in Allgemeinanästhesie. Es wurde ein für die Pferdepraxis übliches Narkoseprotokoll gewählt, bei dem Isofluran genutzt wurde, da es als einziges Inhalationsanästhetikum für das Pferd zugelassen ist.

Die in dieser Studie eingesetzten α_2-Agonisten wurden wegen ihrer unterschiedlichen Rezeptor-Selektivität ausgewählt, um mögliche Unterschiede in ihrem Effekt, vor allem auf die Mikroperfusionsparameter und auf die Reaktion auf den Antagonisten MK-467, zu untersuchen. Die beiden α_2-Adrenorezeptor Agonisten wurden in equisedativen Dosierungen eingesetzt (MUELLER et al. 2012), um in beiden Gruppen eine vergleichbare zentrale Dämpfung zu erreichen. In diesen Dosierungen scheinen auch der Effekt auf die gemessenen Perfusions-Parameter vergleichbar zu sein, da es keine signifikanten Gruppenunterschiede während der Baselinemessungen gab.

In Anlehnung an vorausgegangene Studien wurde in der vorliegenden Untersuchung MK-467 in der Dosierung von 250 µg/kg verwendet Die intravenöse Verabreichung von MK-467 wurde über eine Dauer von 10 Minuten durchgeführt, um eine zu plötzliche Veränderung der kardiovaskulären Parameter zu verhindern. In dieser Dosierung ist weitestgehend von einer Aufhebung der über periphere α_2-Rezeptoren vermittelten Effekte auszugehen (VAINIONPAA et al. 2013). Die Ergebnisse der vorliegenden Studie zeigen jedoch, dass in dieser Dosierung, beziehungsweise in diesem Verhältnis von MK-467 zu α_2-Agonisten mit massiven Beeinflussungen kardiovaskularer Parameter (starker Abfall von MAP, SVR und Flow) zu rechnen ist. Der Einsatz von MK-467 als Bolus in dieser Dosierung während der Allgemeinanästhesie ist kritisch zu bewerten. Möglicherweise würde die Verabreichung als Dauertropf mit langsamerer Infusionsrate oder die Reduktion der Dosis zu einer weniger starken Beeinflussung des Herzkreislaufsystems und der Gewebeperfusion führen. Es ist denkbar, dass bei einem idealen Verhältnis von

Agonist und Antagonist eine tatsächlich positive Beeinflussung der Gewebeperfusion durch eine nur partielle Aufhebung der α_2-Agonisten-Wirkung möglich ist.

5.1.2 Messtechnik von Mikroperfusion und Oxygenierung

Die gleichzeitige Messung des Blutflusses und der Gewebesauerstoffsättigung mit dem O2C ermöglicht eine Echtzeitmessung der Blut- und Sauerstoffversorgung des Gewebes. Der Vorteil liegt in der gleichzeitigen Bestimmung der beiden Parameter im gleichen Gewebeabschnitt. Weiterhin können die Messungen wenig invasiv durchgeführt werden und erfassen ausschließlich die Mikrozirkulation (KRUG 2006). Studien am Pferdedarm konnten allerdings zeigen, dass die Messung mit dem O2C bestimmten Störfaktoren unterliegt. Übermäßiges Umgebungslicht, wie zum Beispiel durch OP-Lampen, und die Bewegung der Messsonde oder des Gewebes führten zur Entstehung von Artefakten (REICHERT et al. 2014). Diese Bewegungsartefakte betrafen in erster Linie die Blutflussmessung mit dem Laser-Doppler-Verfahren im Bereich des Dünndarms, der die stärkste Darmperistaltik aufwies (REICHERT et al. 2014).

Da in dieser Studie die Messungen innerhalb der Bauchhöhle durchgeführt wurden, ist eine Beeinflussung durch Umgebungslicht weitgehend auszuschließen. Die peristaltische Darmbewegung des Dünndarms könnten hingegen einen Einfluss auf die Messergebnisse gehabt haben. Allerdings zeigte der Gewebeblutfluss während eines Messvorgangs sehr stabile Messergebnisse. Außerdem konnten durch die visuelle Beurteilung des Laser-Doppler-Signals auf dem Monitor Bewegungsartefakte oder das nicht korrekte Aufliegen der Messsonde identifiziert werden.

Eine weitere Quelle für mögliche Messungenauigkeiten könnte in dieser Studie die Platzierung der Messsonde sein. Für jede Messung musste die Sonde neu mit der Hand in der Bauchhöhle des Probanden aufgebracht und festgehalten werden. Somit muss davon ausgegangen werden, dass die Messungen nicht immer an der gleichen Lokalisation stattgefunden haben. Da aber bestimmte anatomische Strukturen (Taenien, Gefäße, Gekröse- /Netzansatz) als Orientierungspunkte zur Identifikation der korrekten Messlokalisation genutzt werden konnten, ist nur von einer geringen Abweichung bezüglich der Messregion auszugehen.

Die mithilfe der Laser-Doppler Flussmessung bestimmten Blutflusswerte sind relative Werte, die in „arbitary units“ angegeben werden. Dadurch sind lediglich Aussagen über die relative Veränderung des Blutflusses nach der Applikation von MK-467,

jedoch nicht über den absoluten Blutfluss möglich, obwohl anzumerken ist, dass die Blutflusswerte der Baselinemessungen der einzelnen Probanden und damit der Ausgangswert sehr ähnlich waren.
Zu beachten ist außerdem, dass die Messungen jeweils nur einen sehr kleinen Gewebebereich erfassen. Die so generierten Messergebnisse wurden in der hier vorliegenden Studie als stellvertretend für die Perfusion und Oxygenierung des gesamten Organtrakts betrachtet. Um eine allgemeinere Aussage über die Perfusion und Oxygenierung des gesamten Gastrointestinaltrakts machen zu können, wurden die Messungen an drei unterschiedlichen Abschnitten durchgeführt.
Weiterhin ist zu berücksichtigen, dass die vom Hersteller angegebene Messtiefe für die in der vorliegenden Studie verwendete Sonde ca. 2,5 mm beträgt. Die in der Literatur angegebenen Wanddicken liegen für das Jejunum bei ca. 2-3 mm (EPSTEIN et al. 2008; BITHELL et al. 2010), für das Colon bei ca. 3mm (BITHELL et al. 2010) und für den Magen bei ca. 4-5 mm (EPSTEIN et al. 2008; KIHURANI et al. 2009). Diese Messtiefe erlaubt eine Messung von gastrointestinalen Wandbereichen ohne das Lumen miteinzubeziehen. Daraus lässt sich aber auch schließen, dass nicht alle Anteile der gastrointestinalen Wand in die Messung miteinbezogen werden. Ziel dieser Studie war aber nicht die Unterscheidung der Blut- und Sauerstoffversorgung der einzelnen Darmwandabschnitte. Vielmehr sollte eine allgemeinere Aussage über die Reaktion dieser beiden Parameter auf den α_2-Antagonisten möglich gemacht werden, wofür das O2C gut geeignet scheint.

5.2 Diskussion der Ergebnisse

5.2.1 Baseline Messungen

In der hier vorliegenden Studie gab es im Gruppenvergleich der Baseline-Messungen bei keinem Messparameter statistisch signifikante Unterschiede. Es ist also von einem vergleichbaren Effekt von Dexmedetomidin und Xylazin auf die Messparameter in den verwendeten Dosierungen auszugehen.

5.2.2 Blutdrücke (MAP, PAP, RAP) und systemischer Gefäßwiderstand

Nach der Applikation von MK-467 war in beiden Gruppen eine deutliche Hypotension zu beobachten. Dieser Blutdruckabfall ist vermutlich in der Aufhebung des peripheren, vasokonstriktorischen Effekts der α_2-Agonisten begründet. Als Folge dieser Vasodilatation kommt es zu einem Abfall des SVR und MAP in beiden Gruppen. Diese Beobachtung steht im Einklang mit den Ergebnissen einer anderen Studie, die MK-467 und Detomidin zur Prämedikation vor der Anästhesie bei Pferden einsetzte. Auch in dieser Studie konnte während der Anästhesie eine deutliche Hypotension beobachtet werden (PAKKANEN et al. 2015).

Der Unterschied zwischen den Gruppen zeigte sich in einem signifikant höheren MAP in der Xylazin Gruppe im Vergleich zur Dexmedetomidin Gruppe bis einschließlich zum Messzeitpunkt M6, sowie einem signifikant höheren SVR in Gruppe X über alle Messzeitpunkte M1 bis M8. Möglicherweise ist die Fähigkeit des Dexmedetomidins an zentral lokalisierte Imidazolrezeptoren zu binden für diesen Unterschied verantwortlich, da die Aktivierung dieser Rezeptoren in einem Abfall des Blutdrucks resultiert (ERNSBERGER et al. 1987). In Kombination mit der, durch MK-467 vermittelten, Aufhebung der peripheren Vasokonstriktion könnte diese hypotensive Wirkung des Dexmedetomidins stärker zum Tragen kommen. Dies könnte den niedrigeren MAP, beziehungsweise den länger andauernden Abfall des systemischen Gefäßwiderstandes nach MK-467 in dieser Gruppe erklären.

Der zentral venöse Druck zeigte in beiden Gruppen nach der Applikation von MK-467 keine signifikanten Veränderungen. Dies lässt vermuten, dass das enddiastolische Volumen, beziehungsweise der venöse Rückstrom zum Herzen konstant geblieben und somit die Vorlast unverändert ist (MAGDER u. BAFAQEEH 2007).

Auch der pulmonalarterielle Druck zeigte, obwohl bei einigen Tieren ein leichter Abfall nach MK-467 zu beobachten ist, keine statistisch signifikanten Veränderungen. In der Literatur ist beschrieben, dass α_2-Agonisten dosisabhängig zu einem Anstieg des pulmonalarteriellen Drucks führen (STARKE et al. 1974; PYPENDOP u. VERSTEGEN 1998). Da in der vorliegenden Studie der pulmonalarterielle Druck nach MK-467 nicht signifikant abgenommen hat, ist es denkbar, dass dieser Effekt in den verwendeten Dosierungen der α_2-Agonisten nicht besonders stark ausgeprägt ist oder nur geringfügig von MK-467 antagonisiert wird. Denkbar ist auch, dass zwar die gefäßkontrahierende Wirkung der α_2-Agonisten aufgehoben wird, aber durch den gesteigerten Herzauswurf der pulmonalarterielle Druck nicht abfällt.

5.2.3 Herzfrequenz

Sowohl in der Xylazin, als auch in der Dexmedetomidin Gruppe stieg die Herzfrequenz nach der Applikation von MK-467 an. Dies ist vermutlich eine Folge der verringerten SVR nach der MK-467 Applikation. Die für α_2-Agonisten typische reflektorische Senkung der Herzfrequenz als Reaktion auf einen erhöhten Gefäßwiderstand wird somit wahrscheinlich abgemildert.
Der signifikant größere Anstieg der Herzfrequenz nach MK-467 in der Dexmedetomidin Gruppe lässt sich eventuell damit erklären, dass in dieser Gruppe der Abfall des SVR und MAP größer war und hieraus eventuell eine ausgeprägtere sympathische Stimulation zu einem deutlicheren Anstieg der Herzfrequenz geführt haben könnte.

5.2.4 Herzminutenvolumen-Index

Der CI stieg nach der Verabreichung von MK-467 in beiden Gruppen an. Neben einem Anstieg der Herzfrequenz kann auch die Steigerung des Schlagvolumens eine Vergrößerung des Herzminutenvolumens bewirken. Das Schlagvolumen nimmt zum Beispiel bei einer erhöhten Kontraktionskraft des Herzen oder einer Verringerung der Nachlast zu (CHATTERJEE et al. 1973).
Durch die Applikation von MK-467 kommt es zu einem Abfall des Systemischen Gefäßwiderstandes und damit zu einer Reduzierung der Nachlast. Dies könnte auch in der vorliegenden Studie den signifikanten Anstieg des Schlagvolumens erklären. Der gesteigerte Herzauswurf durch die Verabreichung von MK-467 ist also möglicherweise nicht nur das Resultat des geringgradigen Herzfrequenzanstiegs, sondern auch eines vergrößerten Schlagvolumens.
In der Dexmedetomidin-Gruppe ist der Anstieg des Herzminutenvolumens erst an Messzeitpunkt M2 statistisch signifikant. Dies erklärt sich bei Betrachtung der einzelnen Probanden zu den einzelnen Messzeitpunkten aus der Reaktion eines Ausreißers in dieser Gruppe auf den Antagonisten: Dieser Proband zeigte einen Abfall des Herzauswurfs und Herzauswurfindex bei konstanter Herzfrequenz und zusätzlich einen Abfall des pulmonal arteriellen Drucks von 10 mmHg vor MK-467 auf 6 mmHg zum Zeitpunkt M1.

Der Abfall des Herzauswurfs bei diesem Pferd könnte auf einen verminderten venösen Rückstrom aufgrund der MK-467 bedingten Vasodilatation zurückzuführen sein. Ein verminderter Rückstrom führt zu einer gesenkten Vorlast und damit zu einer geringeren enddiastolischen Füllung. Ein geringes enddiastolisches Volumen resultiert in einer geringen Dehnung der Herzmuskelfasern. Hiermit kommt der Frank-Sterling Mechanismus weniger stark zum Tragen, was zu einer verminderten Kontrationskraft des Herzmuskels und damit einem herabgesetzten Herzauswurf führt (ROSS 1976). Gegen diese Annahme spricht jedoch, dass bei diesem Pferd zwar der gemessene Herzauswurf und der pulmonalarterielle Druck abfielen, der Druck im rechten Vorhof aber unverändert blieb. Der verringerte pulmonalarterielle Druck könnte ebenfalls eine Folge des herabgesetzten Schlagvolumens sein. Denkbar ist auch, dass es durch die Applikation von MK-467 zu einer Dilatation der Pulmonalarterie gekommen ist. Diese Veränderung des Gefäßdurchmessers könnte in einem verringerten pulmonalarteriellen Druck und einem herabgesetzten messbaren Herzauswurf resultieren. Da jedoch auch andere Probanden einen gerringgradigen Druckabfall in der Pulmonalarterie zeigten, ohne dass der Herzauswurf gesunken ist, ist es unwahrscheinlich, dass dieser Effekt allein für den Herzauswurf-Abfall verantwortlich ist.

Der Abfall des Herzauswurfs könnte demnach durch eine Vorlast unabhängige Senkung des Schlagvolumens zustande kommen und ist möglicherweise in einer pulmonalarteriellen Vasodilatation begründet oder hat einen Abfall des pulmonalarteriellen Drucks zur Folge.

5.2.5 Gas-Partialdrücke im arteriellen Blut und Alveolärer Totraum

Ein erhöhter Kohlenstoffdioxidpartialdruck im arteriellen Blut (Hyperkapnie) kann unter anderem das kardiovaskuläre System beeinflussen. Untersuchungen an Pferden während einer Isoflurananästhesie konnten zeigen, dass bei moderater und hochgradiger Hyperkapnie ($PaCO_2$ von ca. 80 mmHg bzw. ca. 110 mmHg) ein Anstieg von Herzauswurfindex, Schlagvolumen und Blutdruck zu beobachten war. Die Autoren schlussfolgerten hieraus, dass auch die periphere Perfusion dadurch verändert werden könnte (KHANNA et al. 1995). Um eine derartige Beeinflussung zu vermeiden, wurden in dieser Studie alle Probanden kontrolliert beatmet und die Atemfrequenz so gewählt, dass eine Normokapnie ($PaCO_2$ von ca. 35-45 mmHg) im arteriellen Blut gegeben war.

Eine verringerte Sauerstoffsättigung des arteriellen Blutes wirkt sich negativ auf die Gewebesauerstoffsättigung des Pferdedarms aus. Kommt es zu einem Abfall der arteriellen Sauerstoffsättigung unter 80 % nimmt auch die Gewebesauerstoffsättigung ab (HOPSTER et al 2016). Um dies zu verhindern wurde in der hier vorliegenden Studie mit reinem Sauerstoff beatmet und es konnte gewährleistet werden, dass keiner der Probanden einen arteriellen Sauerstoffsättigungswert < 90 % hatte. Da somit eine ausreichende Oxygenierung des arteriellen Blutes vorlag, ist nicht von einem negativen Effekt auf die Gewebesauerstoffsättigung auszugehen.

Der alveoläre Totraum ist ein Indikator für die pulmonale Perfusion (SEVERINGHAUS u. STUPFEL 1957). Er zeigte in dieser Studie keine Veränderung über die Messzeitpunkte. Der statistisch signifikante Unterschied zur Baseline alleinig zum Messzeitpunkt M4 in der Xylazin Gruppe ist nicht von klinischer Relevanz, da dieser eher auf die große Streuung der Einzelparameter zurückzuführen ist. Die Konstanz des alveolären Totraums lässt vermuten, dass trotz der veränderten Kreislaufsituation und Mikroperfusion die Durchblutung der Lunge unverändert geblieben ist.

5.2.6 Perfusion des Gastrointestinaltrakts

Die vorliegende Untersuchung zeigte, dass das Antagonisieren der peripheren α_2-Agonistenwirkung durch MK-467 den Gewebeblutfluss am Magendarmtrakt deutlich senkt. Dies steht im Gegensatz zu Untersuchungen beim Schaf, die zeigen konnten, dass die negativen Effekte der α_2-Agonisten auf den intestinalen Blutfluss durch die Verabreichung eines Antagonisten aufgehoben werden können (TALKE et al. 2000). In dieser Studie wurde den Schafen allerdings Atipamezol, ein zentral und peripher wirksamer Antagonist, verabreicht. Die Beeinflussung der kardiovaskulären Parameter durch die Atipamezol-Gabe war sehr gering, da auch die zentralen hypotensiven Effekte des α_2-Agonisten aufgehoben wurden. Zu keinem Zeitpunkt lag eine Hypotension vor (TALKE et al. 2000). Bei der Applikation von MK-467, wie in der vorliegenden Studie, bleibt hingegen die zentrale Wirkung der α_2-Agonisten bestehen. Dies ist zum einen positiv, da so die analgetischen und sedativen Eigenschaften nicht antagonisiert werden. Zum anderen bedeutet es aber auch, dass der zentrale senkende Effekt auf den Blutdruck bestehen bleibt. Dieser Effekt wird noch durch die vasodilatativen Effekte des Isoflurans verstärkt. Bei einer vermutlich relativ vollständigen Aufhebung der peripheren α_2-Agonisten-Wirkung kommt es damit zu einer deutlichen Senkung des MAP wie oben erläutert und damit zu einer Abnahme des Perfusionsdrucks im Gewebe. Untersuchungen an anästhesierten Pferden konnten zeigen, dass es zu einer plötzlichen Abnahme des Blutflusses an Darm und Magen kommt, wenn untere Grenzwerte für den MAP unterschritten werden (HOPSTER et al. 2015; HOPSTER et al. 2016). Diese Untersuchungen zeigen deutlich, dass beim Pferd eine direkte Korrelation zwischen der globalen und gastrointestinalen Perfusion in Allgemeinanästhesie besteht. Welchen Einfluss dabei jedoch Perfusionsdruck (Blutdruck) und Herzminutenvolumen haben, konnte nicht abschließend geklärt werden.

Der in den oben genannten Studien (HOPSTER et al. 2015; HOPSTER et al. 2016) als kritisch ermittelte Blutdruckbereich von 50-60 mmHg wurde innerhalb von wenigen Minuten nach Beginn der MK-467 Infusion unterschritten. Obwohl es gleichzeitig zu einem Anstieg des CI kam, konnte ein signifikanter Abfall des intestinalen Blutflusses beobachtet werden. Ein möglicher Grund für den Abfall des Blutflusses ist, dass nach Unterschreitung kritischer Blutdruckwerte der Perfusionsdruck im Intestinaltrakt auch bei steigendem CI nicht aufrechterhalten werden kann. In diesem Fall ist der MAP so niedrig, dass dieser zum bestimmenden Faktor für den intestinalen Blutfluss wird. Zusätzlich könnte auch eine verminderte Fähigkeit zur Autoregulation des intestinalen Blutflusses während der Allgemeinanästhesie eine Rolle spielen, wie es für die Katze bei der Verabreichung von Isofluran schon gezeigt wurde (OSTMAN et al. 1985)

In der vorliegenden Studie wurde die Anästhesie mit Isofluran aufrechterhalten. Es ist denkbar, dass Isofluran auch bei Pferden zu einer Beeinträchtigung der Autoregulationskapazität führt. Möglicherweise wäre der intestinale Blutfluss unter einem anderen Narkoseprotokoll (z.B. TIVA) weniger stark von MK-467 beeinflusst worden. Die Ergebnisse dieser Studie zeigen damit, dass ein Abfall des Perfusionsdrucks in Allgemeinanästhesie trotz einer Steigerung des Herzminutenvolumens negative Konsequenzen für die intestinale Perfusion hat.

5.2.7 Gewebesauerstoffsättigung

In der vorliegenden Studie konnte keine relevante Veränderung der Gewebesauerstoffsättigung als Folge auf die Applikation von MK-467 beobachtet werden. Lediglich zum Messzeitpunkt M5 gab es einen statistisch signifikanten

Unterschied zwischen den Gruppen, dessen klinisch Relevanz jedoch fraglich ist und möglicherweise eher die große Variabilität der Werte für diesen Messparameter wiederspiegelt.
Bei gleichbleibendem Sauerstoffgehalt des Blutes ist das Sauerstoffangebot vom Gewebeblutfluss abhängig (GRUM 1993). Dies gilt vermutlich auch für diese Studie, da alle Pferde mit reinem Sauerstoff versorgt und kontrolliert beatmet wurden, sodass sie über die gesamte Versuchsdauer ausreichend oxygeniert waren.
Durch MK-467 kam es zwar zu einem deutlichen Abfall des Gewebeblutflusses, jedoch maximal um 44%. Eine relevante Abnahme der Oxygenierung des Gewebes konnte nicht beobachtet werden. Denkbar ist also, dass trotz der Reduzierung des Blutflusses die Sauerstoffzufuhr immer noch ausreichend gewesen ist, um eine adäquate Gewebesauerstoffsättigung zu gewährleisten.

5.2.8 Ausblick

Diese Studie konnte zeigen, dass die Aufhebung der peripheren Effekte von Xylazin und Dexmedetomidin bei Pferden in Isoflurananästhesie zu einem gesteigerten Herzauswurf führt, aber gleichzeitig eine deutliche Hypotension eintritt und somit eine verschlechterte intestinale Perfusion. Daraus lässt sich schlussfolgern, dass während der Allgemeinanästhesie mit Isofluran die peripheren Wirkungen der α_2-Agonisten nicht ausschließlich negativ sein müssen, da während der Baseline-Messungen alle Probanden stabile kardiovaskuläre und Perfusions-Parameter aufwiesen. Während der Isofluranästhesie scheint die durch α_2-Agonisten bedingte Vasokonstriktion über eine Stabilisierung des Blutdrucks auch die Aufrechterhaltung des Perfusionsdrucks im Bereich des Gastrointestinaltrakts zu gewährleisten. Eine Verbesserung der Perfusion der intestinalen Organe könnte möglicherweise erreicht werden, wenn der periphere α_2-Antagonist mit Kreislauf-unterstützenden Maßnahmen wie beispielsweise Dobutamin oder einem erhöhten Infusionsvolumen, kombiniert würde.
Eine weitere Möglichkeit wäre die Titration einer MK-467 Dosis, die die periphere Wirkung der α_2-Agonisten nur partiell aufhebt, beziehungsweise eine Anpassung des Agonisten/Antagonisten Verhältnisses um das Entstehen eines so massiven Blutdruckabfalls zu verhindern. Eine nur partielle Aufhebung der Vasokonstriktion in Kombination mit einer Steigerung der kardialen Schlagleistung könnte dann zu einer Verbesserung der Perfusion führen.

6 Zusammenfassung

Liza Wittenberg-Voges

Einfluss der α2-Adrenorezeptor Agonisten Xylazin und Dexmedetomidin allein und in Kombination mit dem peripheren α2-Adrenorezeptor Antagonisten MK-467 auf die Mikroperfusion und Oxygenierung des Gastrointestinaltrakts des Pferdes in Allgemeinanästhesie

Ein Großteil unerwünschter Nebenwirkungen von α_2-Agonisten wird über periphere α_2-Adrenorezeptoren vermittelt. Eine dieser Nebenwirkungen ist die negative Beeinflussung der peripheren Gewebeperfusion. Ziel der Studie war es, den Einfluss von α_2-Agonisten allein und in Kombination mit dem peripheren α_2-Rezeptor Antagonisten MK-467 auf globale kardiovaskuläre Parameter und die Mikroperfusion des Magendarmtrakts zu untersuchen.

Die Durchführung der Untersuchung wurde vom Niedersächsischen Landesministerium für Verbraucherschutz und Lebensmittelsicherheit genehmigt (Tierversuchsnummer 33.14-42502-04-14/1547). Hierfür wurden fünfzehn Pferde randomisiert in zwei Gruppen (X und D) eingeteilt. Probanden der Gruppe X erhielten Xylazin (0,5 mg/kg KGW i.v.) und Probanden der Gruppe D Dexmedetomidin (3,5 µg/kg KGW i.v.) zur Prämedikation.

Nach Einleitung der Allgemeinanästhesie mit Ketamin (2,2 mg/kg i.v.) und Midazolam (0,05mg/kg i.v.) erfolgte die Narkoseaufrechterhaltung mit Isofluran in reinem Sauerstoff sowie einer Dauertropfinfusion von entweder Dexmedetomidin (Gruppe D; 7 µg/kg/Std) oder Xylazin (Gruppe X; 1 mg/kg/Std).

Nach 45 Minuten Anästhesiezeit wurde die Bauchhöhle mittels einer medianen Laparotomie eröffnet. Eine Stunde nach Narkoseeinleitung wurde mit den Messungen begonnen. Es wurden hierbei 4 Baselinemessungen im Abstand von 15 Minuten durchgeführt (B1-B4). Im Anschluss wurde jedem Pferd ein Bolus MK-467 in der Dosierung 250 µg/kg i.v. verabreicht. Die nächsten Messungen erfolgten 5 (M1), 10 (M2), 20 (M3), 35 (M4), 50 (M5), 65 (M6), 80 (M7) und 95 Minuten (M8) nach dem MK-467-Bolus. Zu jedem Messzeitpunkt wurden die Herzfrequenz (HR), der mittlerer arterielle (MAP), der zentralvenöse (CVP) und der pulmonalarterielle Blutdruck (PAP), der arterielle Kohlestoffdioxid- und Sauerstoffpartialdruck ($PaCO_2$ und PaO_2)

und das Herzminutenvolumen (CO) gemessen. Weiterhin wurden der Herzminutenvolumen-Index (CI), der systemische Gefäßwiderstand (SVR), der alveoläre Totraum (alvDS) und das Schlagvolumen (SV) berechnet. Gleichzeitig erfolgte die Messung der gastrointestinalen Perfusion (Flow) und Gewebesauerstoffsättigung (SO_2) mittels Laserdoppler-Flussmessung und Weißlichtphotospektroskopie an Magen, Jejunum und Colon.

Die Pferde verblieben nach Versuchsende in Allgemeinanästhesie und wurden mit Pentobarbital euthanasiert.

Die Auswertung der Daten erfolgt mittels der Statistiksoftware SAS 9.3 (SAS Institute Inc. Cary, USA). Nach dem Test auf Normalverteilung (Shapiro-Wilk) wurden Unterschiede zwischen den Gruppen zu den einzelnen Messzeitpunkten mit dem Permutationstest untersucht. Auf Unterschiede innerhalb der Gruppen zwischen den Messwerten und den Baseline-Werten wurde mittels Wilcoxon-Rank-Sum-Test getestet ($p<0,05$).

Die Applikation von MK-467 bewirkte einen signifikanten Abfall von MAP (Gruppe D: -44,2 ± 10 mmHg; Gruppe X: -41,4 ± 15,2 mmHg) und SVR (Gruppe D: -142,8 ± 41,6 dyn s/cm^5; Gruppe X: -174,6 ± 73,2 dyn s/cm^5), wobei MAP und SVR in Gruppe D signifikant niedriger waren und erst später wieder Ausgangswerte erreichten (Gruppe D: 95 Minuten, Gruppe X: 80 Minuten).

Trotz eines signifikanten Anstiegs des Herzminutenvolumen-Index (Gruppe D: +8,6 ± 7,6 l/min; Gruppe X: +8,8 ± 3 l/min) kam es zu einer signifikanten Reduzierung der Perfusion von Colon (Gruppe D: -43 %; Gruppe X: -34 %), Jejunum (Gruppe D: -26 %; Gruppe X: -33 %) und Magen (Gruppe D: –36 %; Gruppe X: -35 %). Der pulmonalarterielle und zentralvenöse Druck, sowie das alveoläre Totraumvolumen zeigten keine relevanten Veränderungen durch die Gabe von MK-467. Kein Pferd zeigte Anzeichen für eine Hypoxie oder Hyperkapnie.

Die vorliegende Studie konnte somit zeigen, dass die Bolusapplikation von MK-467 den peripheren vasokonstriktorischen Effekt von α_2-Agonisten aufhebt und damit einen deutlichen Abfall des MAP bewirkt. Dies führte jedoch trotz eines gesteigerten Herzauswurfindex zu einer verschlechterten Perfusion des Gastrointestinaltrakts, da der kritische Perfusionsdruck unterschritten wurde.

7 Summary

Liza Wittenberg-Voges

Effect of dexmedetomidine and xylazine followed by MK-467 on gastrointestinal microperfusion in anaesthetized horses

Adverse effects of α_2-agonist are mainly mediated by peripherally located α_2-adrenoreceptors. Aim of this study was to determine the effects of alpha-2-agonists alone and in combination with MK-467, a peripherally acting alpha-2 antagonist, on global and regional cardiovascular parameters.

Fifteen warmblood horses with a mean (range) age of 7.2 (1 - 24) years and a mean (range) bodyweight of 531 (412 - 596) kg were randomly assigned to two groups (group X, n=8 and group D, n=7). They were considered to be healthy based on clinical examination and routine bloodwork. Horses of group X received xylazine (0.5 mg/kg IV) and horses of group D dexmedetomidine (3.5 µg/kg IV) for premedication. After induction of anaesthesia with ketamine (2.2 mg/kg IV) and midazolam (0.05 mg/kg IV) horses were endotracheally intubated and placed in dorsal recumbency. Anaesthesia was maintained with isoflurane in pure oxygen and a constant rate infusion of either xylazine (group X: 1 mg/kg/hour) or dexmedetomidine (group D: 7 µg/kg/hour).

After 45 minutes of equilibration time a median laparotomy was performed and 15 minutes later measurements were started. Four baseline measurements (B) were performed at 15 minute intervals during one hour. Then horses received a bolus of MK-467 (250 µg/kg IV) infused over 10 minutes. Thereafter, measurements were performed 5 (M1), 10 (M2), 20 (M3), 35 (M4), 50 (M5), 65 (M6), 80 (M7) and 95 (M8) minutes after the end of MK-467 bolus administration.

At every time point heart rate (HR), cardiac output (CO), mean arterial blood pressure (MAP), central venous pressure (CVP), pulmonary artery pressure (PAP) and arterial oxygen and carbon dioxide partial pressures (PaO_2 and $PaCO_2$) were measured while systemic vascular resistance (SVR), cardiac index (CI), stroke volume index (SVI) and alveolar dead space (alvDS) were calculated. For statistics permutation-test and Wilcoxon-rank-sum-test were used ($p < 0.05$).

There were no differences in baseline measurements between groups. The MK-467 bolus resulted in a significant decrease in MAP (group D: -57.5 %; group X: -48.4 %) and SVR (group D: -68.1 %; group X: -64.9 %) lasting longer in group D (90 minutes) compared to group X (60 minutes). While CI increased significantly (group D: +38.6 %; group X: +37.6 %) microperfusion was reduced in the colon (group D: -43.5 %; group X: -34.1 %), jejunum (group D: -26.1 %; group X: -33.2 %) and stomach (group D: -36.8 %; group X: -34.5 %).

MK-467 reversed vasoconstriction induced by alpha-2-agonists, resulting in a drop in MAP despite increased CO in anaesthetized horses. Intestinal microperfusion decreased, probably as a result of insufficient perfusion pressure.

8 Literaturverzeichnis

AANTAA, R., A. MARJAMAKI u. M. SCHEININ (1995):
Molecular pharmacology of alpha 2-adrenoceptor subtypes.
Ann Med 27, 439-449

ADAMS, R. P., L. A. DIELEMAN u. S. M. CAIN (1982):
A critical value for O2 transport in the rat.
J Appl Physiol Respir Environ Exerc Physiol 53, 660-664

AHLQUIST, R. P. (1948):
A study of the adrenotropic receptors.
Am J Physiol 153, 586-600

ALBUSZIES, G., P. RADERMACHER, J. VOGT, U. WACHTER, S. WEBER, M. SCHOAFF, M. GEORGIEFF u. E. BARTH (2005):
Effect of increased cardiac output on hepatic and intestinal microcirculatory blood flow, oxygenation, and metabolism in hyperdynamic murine septic shock.
Crit Care Med 33, 2332-2338

ANDRADE, R. u. G. K. AGHAJANIAN (1985):
Opiate- and alpha 2-adrenoceptor-induced hyperpolarizations of locus ceruleus neurons in brain slices: reversal by cyclic adenosine 3':5'-monophosphate analogues.
J Neurosci 5, 2359-2364

ANTONACCIO, M. J., R. D. ROBSON u. L. KERWIN (1973):
Evidence for increased vagal tone and enhancement of baroreceptor reflex activity after xylazine (2-(2,6-dimethylphenylamino)-4-H-5,6-dihydro-1,3-thiazine) in anesthetized dogs.
Eur J Pharmacol 23, 311-315

ARMSTEAD, W. M. (1995):
Role of nitric oxide and cAMP in prostaglandin-induced pial arterial vasodilation.
Am J Physiol 268, H1436-1440

ASANO, Y., R. C. KOEHLER, T. KAWAGUCHI u. R. W. MCPHERSON (1997):
Pial arteriolar constriction to alpha 2-adrenergic agonist dexmedetomidine in the rat.
Am J Physiol 272, H2547-2556

BECKERT, S., M. B. WITTE, A. KONIGSRAINER u. S. COERPER (2004):
The impact of the Micro-Lightguide O2C for the quantification of tissue ischemia in diabetic foot ulcers.
Diabetes care 27, 2863-2867

BERNARDIN, G., P. LUCAS, H. HYVERNAT, P. DELOFFRE u. M. MATTEI (1999):
Influence of alveolar ventilation changes on calculated gastric intramucosal pH and gastric-arterial PCO2 difference.
Intensive Care Med 25, 269-273

BERTHELSEN, S. u. W. A. PETTINGER (1977):
A functional basis for classification of alpha-adrenergic receptors.
Life Sci 21, 595-606

BETTSCHART-WOLFENSBERGER, R., S. L. FREEMAN, I. M. BOWEN, F. S. ALIABADI, R. WELLER, M. HUHTINEN u. K. W. CLARKE (2005):
Cardiopulmonary effects and pharmacokinetics of i.v. dexmedetomidine in ponies.
Equine Vet J 37, 60-64

BIRNBAUMER, L., J. ABRAMOWITZ u. A. M. BROWN (1990):
Receptor-effector coupling by G proteins.
Biochim Biophys Acta - Biomembranes 1031, 163-224

BITHELL, S., J. L. HABERSHON-BUTCHER, I. M. BOWEN u. G. D. HALLOWELL (2010):
Repeatability and reproducibility of transabdominal ultrasonographic intestinal wall thickness measurements in Thoroughbred horses.
Vet Radiol Ultrasound 51, 647-651

BOHLEN, H. G. (1995):
The microcirculation and the lymphatic system.
In: Rodney A. Rhoades (Hrsg.) Medical Phsyiology.
Boston (Mass): Little, Brown and Company, S. 262-275

BOHLEN, H. G. u. S. L. HARPER (1984):
Evidence of myogenic vascular control in the rat cerebral cortex.
Circ Res 55, 554-559

BONNER, R. u. R. NOSSAL (1981):
Model for laser Doppler measurements of blood flow in tissue.
Applied optics 20, 2097-2107

BRANSON, K. R., G. J. BENSON, J. C. THURMON, W. A. OLSON, W. J. TRANQUILLI u. J. L. DOMER (1992):
Hemodynamic parameters and tissue oxygenation during halothane anesthesia in normal horses and those experiencing post anesthetic lameness.
J Equine Vet Sci 12, 153-159

BRUNDIN, T. u. J. WAHREN (1991):
Influence of a mixed meal on splanchnic and interscapular energy expenditure in humans.
Am J Physiol 260, E232-237

BRYANT, C. E., J. THOMPSON u. K. W. CLARKE (1998):
Characterisation of the cardiovascular pharmacology of medetomidine in the horse and sheep.
Res Vet Sci 65, 149-154

BYLUND, D. B., D. C. EIKENBERG, J. P. HIEBLE, S. Z. LANGER, R. J. LEFKOWITZ, K. P. MINNEMAN, P. B. MOLINOFF, R. R. RUFFOLO, JR. u. U. TRENDELENBURG (1994):
International Union of Pharmacology nomenclature of adrenoceptors.
Pharmacol Rev 46, 121-136

CHATTERJEE, K., W. W. PARMLEY, H. J. SWAN, G. BERMAN, J. FORRESTER u. H. S. MARCUS (1973):
Beneficial effects of vasodilator agents in severe mitral regurgitation due to dysfunction of subvalvar apparatus.
Circulation 48, 684-690

CLINESCHMIDT, B. V., D. J. PETTIBONE, V. J. LOTTI, H. B. HUCKER, B. M. SWEENEY, D. R. REISS, E. V. LIS, J. R. HUFF u. J. VACCA (1988):
A peripherally acting alpha-2 adrenoceptor antagonist: L-659,066.
J Pharmacol Exp Ther 245, 32-40

COPE, M. u. D. T. DELPY (1988):
System for long-term measurement of cerebral blood and tissue oxygenation on newborn infants by near infra-red transillumination.
Med Biol Eng Comput 26, 289-294

CORREA-SALES, C., B. C. RABIN u. M. MAZE (1992):
A Hypnotic Response to Dexmedetomidine, an [alpha]2 Agonist, Is Mediated in the Locus Coeruleus in Rats.
Anesthesiology 76, 948-952

DABAREINER, R. M., N. A. WHITE u. L. L. DONALDSON (2001):
Effects of intraluminal distention and decompression on microvascular permeability and hemodynamics of the equine jejunum.
Am J Vet Res 62, 225-236

DE VRIES, A., S. A. PAKKANEN, M. R. RAEKALLIO, A. EKIRI, M. SCHEININ, P. M. TAYLOR u. O. M. VAINIO (2016):
Clinical effects and pharmacokinetic variables of romifidine and the peripheral alpha - adrenoceptor antagonist MK-467 in horses.
Vet Anaesth Analg 43, 599-610

DEITCH, E. A. (1992):
Multiple organ failure. Pathophysiology and potential future therapy.
Ann Surg 216, 117-134

DOHLMAN, H. G., J. THORNER, M. G. CARON u. R. J. LEFKOWITZ (1991):
Model systems for the study of seven-transmembrane-segment receptors.
Annu Rev Biochem 60, 653-688

DOPPLER, C. (1842):
Ueber das farbige Licht der Doppelsterne und einiger anderer Gestirne des Himmels: Versuch einer das Bradley'sche Aberrations-Theorem als integrirenden Theil in sich schliessenden allgemeineren Theorie.
Verlag Borrosch & André, Prag

DOZE, V. A., B. X. CHEN, J. A. TINKLENBERG, I. S. SEGAL u. M. MAZE (1990):
Pertussis toxin and 4-aminopyridine differentially affect the hypnotic-anesthetic action of dexmedetomidine and pentobarbital.
Anesthesiology 73, 304-307

DREW, G. M. (1978):
Pharmacological characterization of the presynaptic α-adrenoceptors regulating cholinergic activity in the guinea-pig ileum.
Br J Pharmacol 64, 293-300

DUNCAN, A., J. H. MEEK, M. CLEMENCE, C. E. ELWELL, P. FALLON, L. TYSZCZUK, M. COPE u. D. T. DELPY (1996):
Measurement of Cranial Optical Path Length as a Function of Age Using Phase Resolved Near Infrared Spectroscopy.
Pediatr Res 39, 889-894

EDNER, A., G. NYMAN u. B. ESSEN-GUSTAVSSON (2005):
The effects of spontaneous and mechanical ventilation on central cardiovascular function and peripheral perfusion during isoflurane anaesthesia in horses.
Vet Anaesth Analg 32, 136-146

EDNER, A., G. NYMAN u. B. ESSÉN-GUSTAVSSON (2002):
The relationship of muscle perfusion and metabolism with cardiovascular variables before and after detomidine injection during propofol–ketamine anaesthesia in horses.
Vet Anaesth Analg 29, 182-199

ENGLAND, G. C. u. K. W. CLARKE (1996):
Alpha 2 adrenoceptor agonists in the horse--a review.
Br Vet J 152, 641-657

ENGLAND, G. C., K. W. CLARKE u. L. GOOSSENS (1992):
A comparison of the sedative effects of three alpha 2-adrenoceptor agonists (romifidine, detomidine and xylazine) in the horse.
J Vet Pharmacol Ther 15, 194-201

EPSTEIN, K., D. SHORT, E. PARENTE, V. REEF u. L. SOUTHWOOD (2008):
Gastrointestinal ultrasonography in normal adult ponies.
Vet Radiol Ultrasound 49, 282-286

ERNSBERGER, P., M. P. MEELEY, J. J. MANN u. D. J. REIS (1987):
Clonidine binds to imidazole binding sites as well as α2-adrenoceptors in the ventrolateral medulla.
Eur J Pharmacol 134, 1-13

FALEIROS, R. R., D. G. MACORIS, A. C. ALESSI, C. H. SAQUETTI u. L. RASERA (2002):
Effect of intraluminal distention on microvascular perfusion in the equine small colon.
Am J Vet Res 63, 1292-1297

FECHNER, G., J. VON PEZOLD, O. LUZAR, S. HAUSER, R. H. TOLBA u. S. C. MULLER (2009):
Modified spectrometry (O2C device) of intraoperative microperfusion predicts organ function after kidney transplantation: a pilot study.
Transplant Proc 41, 3575-3579

FORST, T., C. HOHBERG, E. TARAKCI, S. FORST, P. KANN u. A. PFÜTZNER (2008):
Reliability of Lightguide Spectrophotometry (O2C(®)) for the Investigation of Skin Tissue Microvascular Blood Flow and Tissue Oxygen Supply in Diabetic and Nondiabetic Subjects.
J Diabetes Sci Technol 2, 1151-1156

FRANK, K. H., M. KESSLER, K. APPELBAUM u. W. DUMMLER (1989):
The Erlangen micro-lightguide spectrophotometer EMPHO I.
Phys Med Biol 34, 1883-1900

FREISSMUTH, M., P. J. CASEY u. A. G. GILMAN (1989):
G proteins control diverse pathways of transmembrane signaling.
FASEB J 3, 2125-2131

GARCIA-VILLAR, R., P. L. TOUTAIN, M. ALVINERIE u. Y. RUCKEBUSCH (1981):
The pharmacokinetics of xylazine hydrochloride: an interspecific study.
J Vet Pharmacol Ther 4, 87-92

GILL, R. W. (1985):
Measurement of blood flow by ultrasound: Accuracy and sources of error.
Ultrasound Med Biol 11, 625-641

GOETZ, T. E., M. MANOHAR, D. NGANWA u. R. GUSTAFSON (1989):
A study of the effect of isoflurane anaesthesia on equine skeletal muscle perfusion.
Equine Vet J Supplement 133-137

GOZALO-MARCILLA, M., K. HOPSTER, F. GASTHUYS, L. HATZ, A. E. KRAJEWSKI u. S. SCHAUVLIEGE (2013):
Effects of a constant-rate infusion of dexmedetomidine on the minimal alveolar concentration of sevoflurane in ponies.
Equine Vet J 45, 204-208

GRUM, C. M. (1993):
Tissue oxygenation in low flow states and during hypoxemia.
Critical care med 21, S44-49

HAMALAINEN, M. M. u. A. PERTOVAARA (1995):
The antinociceptive action of an alpha 2-adrenoceptor agonist in the spinal dorsal horn is due to a direct spinal action and not to activation of descending inhibition.
Brain Res Bull 37, 581-587

HEADLEY, P. M., A. W. DUGGAN u. B. T. GRIERSMITH (1978):
Selective reduction by noradrenaline and 5-hydroxytryptamine of nociceptive responses of cat dorsal horn neurones.
Brain Res 145, 185-189

HEISE, A., G. KRONEBERG u. K. SCHLOSSMANN (1971):
α-Sympathicomimetische Eigenschaften als Ursache der blutdrucksteigernden und blutdrucksenkenden Wirkung von BAY 1470 (2-(2,6-Xylidino)-5,6-dihydro-4H-1,3-thiazinhydrochlorid).
Naunyn Schmiedebergs Arch Pharmacol. 268, 348-360

HILTEBRAND, L. B., V. KREJCI, M. E. TENHOEVEL, A. BANIC u. G. H. SIGURDSSON (2003):
Redistribution of microcirculatory blood flow within the intestinal wall during sepsis and general anesthesia.
Anesthesiology 98, 658-669

HOLMAN, R. B., E. E. SHILLITO u. M. VOGT (1971):
Sleep produced by clonidine (2-(2,6-dichlorophenylamino)-2-imidazoline hydrochloride).
Br J Pharmacol 43, 685-695

HOLZLE, F., D. J. LOEFFELBEIN, D. NOLTE u. K. D. WOLFF (2006):
Free flap monitoring using simultaneous non-invasive laser Doppler flowmetry and tissue spectrophotometry.
J Craniomaxillofac Surg 34, 25-33

HONKAVAARA, J., F. RESTITUTTI, M. RAEKALLIO, K. SALLA, E. KUUSELA, V. RANTA-PANULA, V. RINNE, O. VAINIO u. M. SCHEININ (2012):
Influence of MK-467, a peripherally acting alpha2-adrenoceptor antagonist on the disposition of intravenous dexmedetomidine in dogs.
Drug Metab Dispos 40, 445-449

HONKAVAARA, J. M., M. R. RAEKALLIO, E. K. KUUSELA, E. A. HYVARINEN u. O. M. VAINIO (2008):
The effects of L-659,066, a peripheral alpha2-adrenoceptor antagonist, on dexmedetomidine-induced sedation and bradycardia in dogs.
Vet Anaesth Analg 35, 409-413

HONKAVAARA, J. M., F. RESTITUTTI, M. R. RAEKALLIO, E. K. KUUSELA u. O. M. VAINIO (2011):
The effects of increasing doses of MK-467, a peripheral alpha(2)-adrenergic receptor antagonist, on the cardiopulmonary effects of intravenous dexmedetomidine in conscious dogs.
J Vet Pharmacol Ther 34, 332-337

HOPSTER, K., C. HOPSTER-IVERSEN, F. GEBUREK, K. ROHN u. S. B. KASTNER (2015):
Temporal and concentration effects of isoflurane anaesthesia on intestinal tissue oxygenation and perfusion in horses.
Vet J 205, 62-68

HOPSTER, K., A. WOGATZKI, P. CONZE u. S. B. KASTNER (2016):
Effects of positive end-expiratory pressure titration on intestinal oxygenation and perfusion in isoflurane anaesthetised horses.
Equine Vet J

HURCOMBE, S. D., B. R. WELCH, J. M. WILLIAMS, E. S. COOPER, D. RUSSELL u. M. C. MUDGE (2014):
Dark-field microscopy in the assessment of large colon microperfusion and mucosal injury in naturally occurring surgical disease of the equine large colon.
Equine Vet J 46, 674-680

ILLES, P. u. W. NORENBERG (1987):
Electrophysiological evidence for an alpha 2-adrenergic inhibitory control of transmitter release in the rabbit mesenteric artery.
Eur J Pharmacol 143, 151-161

JAKOBSSON, A. u. G. E. NILSSON (1993):
Prediction of sampling depth and photon pathlength in laser Doppler flowmetry.
Med Biol Eng Comput 31, 301-307

JENNEWEIN, H. M. (1977):
The effect of clonidine on gastric acid secretion in rats and dogs.
Naunyn Schmiedebergs Arch Pharmacol 297, 85-90

JOHANSSON, K., H. AHN, J. LINDHAGEN u. O. LUNDGREN (1987):
Tissue penetration and measuring depth of laser Doppler flowmetry in the gastrointestinal application.
Scand J Gastroenterol 22, 1081-1088

KAM, P. u. I. POWER (2012):
Respiratory Physiology.
In: P. KAM und I. POWER (Hrsg.) Principles of Physiology for the Anaesthetist
CRC Press, Florida, S. 75-113

KHANNA, A. K., W. N. MCDONELL, D. H. DYSON u. P. M. TAYLOR (1995):
Cardiopulmonary effects of hypercapnia during controlled intermittent positive pressure ventilation in the horse.
Can J Vet Res 59, 213-221

KIHURANI, D. O., A. CARSTENS, M. N. SAULEZ u. C. M. DONNELLAN (2009):
Transcutaneous ultrasonographic evaluation of the air-filled equine stomach and duodenum following gastroscopy.
Vet Radiol Ultrasound 50, 429-435

KOBINGER, W. u. L. PICHLER (1976):
Centrally induced reduction in sympathetic tone — A postsynaptic α-adrenoceptor-stimulating action of imidazolines.
Eur J Pharmacol 40, 311-320

KOLLER, A. u. G. KALEY (1991):
Endothelial regulation of wall shear stress and blood flow in skeletal muscle microcirculation.
Am J Physiol 260, H862-868

KÖNIG, H. u. H. GERHARDS (1998):
Verdauungsorgane und Milz.
In: Wissdorf,H., Gerhards,H., Huskamp,B. (Hrsg.): Praxisorientierte Anatomie des Pferdes.
Verlag M&H Schaper Alfred, Hannover, S. 513-536

KRAGH, M., B. QUISTORFF u. P. E. KRISTJANSEN (2001):
Quantitative estimates of angiogenic and anti-angiogenic activity by laser Doppler flowmetry (LDF) and near infra-red spectroscopy (NIRS).
Eur J Cancer 37, 924-929

KRONEBERG, G., A. OBERDORF, F. HOFFMEISTER u. W. WIRTH (1967):
Zur Pharmakologie von 2-(2,6-Dimethylphenylamino)-4H-5,6-dihydro-1,3-thiazin (Bayer 1470), eines Hemmstoffes adrenergischer und cholinergischer Neurone.
Naunyn Schmiedebergs Arch Exp Pathol Pharmakol. 256, 257-280

KRUG, A. (2006):
CME: Mikrozirkulation und Sauerstoffversorgung des Gewebes - Methode des so genannten O2C (oxygen to see).
Phlebologie 35, 300-312

KURAISHI, Y., N. HIROTA, Y. SATO, S. KANEKO, M. SATOH u. H. TAKAGI (1985):
Noradrenergic inhibition of the release of substance P from the primary afferents in the rabbit spinal dorsal horn.
Brain Res 359, 177-182

LADURNER, R., M. FEILITZSCH, W. STEURER, S. COERPER, A. KÖNIGSRAINER u. S. BECKERT (2009):
The impact of a micro-lightguide spectrophotometer on the intraoperative assessment of hepatic microcirculation: A pilot study.
Microvasc Res 77, 387-388

LANGER, S. Z. (1974):
Presynaptic regulation of catecholamine release.
Biochem Pharmacol 23, 1793-1800

LANGER, S. Z., R. MASSINGHAM u. N. B. SHEPPERSON (1980):
Presence of postsynaptic alpha 2-adrenoreceptors of predominantly extrasynaptic location in the vascular smooth muscle of the dog hind limb.
Clin Sci (Lond)) 59 Suppl 6, 225s-228s

LANGER, S. Z. u. N. B. SHEPPERSON (1982):
Postjunctional alpha 1-adrenoceptors: preferential innervation of alpha 1-adrenoceptors and the role of neuronal uptake.
J Cardiovasc Pharmacol 4 Suppl 1, S8-13

LAWRENCE, C. J., F. W. PRINZEN u. S. DE LANGE (1996a):
The effect of dexmedetomidine on nutrient organ blood flow.
Anesth Analg 83, 1160-1165

LAWRENCE, C. J., F. W. PRINZEN u. S. DE LANGE (1996b):
The effect of dexmedetomidine on the balance of myocardial energy requirement and oxygen supply and demand.
Anesth Analg 82, 544-550

LEACH, R. M. u. D. F. TREACHER (2002):
The pulmonary physician in critical care * 2: oxygen delivery and consumption in the critically ill.
Thorax 57, 170-177

LIMA, A., J. VAN BOMMEL, T. C. JANSEN, C. INCE u. J. BAKKER (2009):
Low tissue oxygen saturation at the end of early goal-directed therapy is associated with worse outcome in critically ill patients.
Crit Care 13, S13-S13

LINK, R., D. DAUNT, G. BARSH, A. CHRUSCINSKI u. B. KOBILKA (1992):
Cloning of two mouse genes encoding alpha 2-adrenergic receptor subtypes and identification of a single amino acid in the mouse alpha 2-C10 homolog responsible for an interspecies variation in antagonist binding.
Mol Pharmacol 42, 16-27

LÜBBERS, D. u. W. NIESEL (1957):
Ein Kurzzeit-Spektralanalysator zur Registrierung rasch verlaufender Änderungen der Absorption.
Naturwissenschaften 44, 60-60

LUNDGREN, O. u. U. HAGLUND (1978):
The pathophysiology of the intestinal countercurrent exchanger.
Life Sci 23, 1411-1422

MAGDER, S. u. F. BAFAQEEH (2007):
The clinical role of central venous pressure measurements.
J Intensive Care medicine 22, 44-51

MANOHAR, M., R. GUSTAFSON, T. E. GOETZ u. D. NGANWA (1987a):
Systemic distribution of blood flow in ponies during 1.45%, 1.96%, and 2.39% end-tidal isoflurane-O2 anesthesia.
Am J Vet Res 48, 1504-1510

MANOHAR, M., R. GUSTAFSON u. D. NGANWA (1987b):
Skeletal muscle perfusion during prolonged 2.03% end-tidal isoflurane-O2 anesthesia in isocapnic ponies.
Am J Vet Res 48, 946-951

MATHESON, P. J., M. A. WILSON u. R. N. GARRISON (2000):
Regulation of Intestinal Blood Flow.
J Surg Res 93, 182-196

MCCONNELL, E. J., E. RIOJA, L. BESTER, M. G. SANZ, G. T. FOSGATE u. M. N. SAULEZ (2013):
Use of near-infrared spectroscopy to identify trends in regional cerebral oxygen saturation in horses.
Equine Vet J 45, 470-475

MIZUNO, Y., H. AIDA, H. HARA u. T. FUJINAGA (1994):
Cardiovascular effects of intermittent positive pressure ventilation in the anesthetized horse.
J Vet Med Sci 56, 39-44

MOORE, R. M., J. HARDY u. W. W. MUIR (1995):
Mural blood flow distribution in the large colon of horses during low-flow ischemia and reperfusion.
Am J Vet Res 56, 812-818

MUIR, W. W. (2009):
Chapter 10 - Anxiolytics, Nonopioid Sedative-Analgesics, and Opioid Analgesics.
In: HUBBELL, W. W. M. A. E. (Hrsg.) Equine Anesthesia (Second Edition)
W.B. Saunders, Saint Louis, S. 185-209

MUIR, W. W. u. J. T. ROBERTSON (1985):
Visceral analgesia: effects of xylazine, butorphanol, meperidine, and pentazocine in horses.
Am J Vet Res 46, 2081-2084

MÜLLER, C., K. HOPSTER, C. HOPSTER-IVERSEN, K. ROHN u. S. B. R. KÄSTNER (2012):
Elaboration of a xylazine and dexmedetomidine infusion regime which provides a constant level of sedation in horses.
Pferdeheilkunde 28, 667-674

OSTMAN, M., B. BIBER, J. MARTNER u. S. REIZ (1985):
Effects of isoflurane on vascular tone and circulatory autoregulation in the feline small intestine.
Acta Anaesthesiol Scand 29, 389-394

PAGEL, P. S., L. T. PROCTOR, A. DEVCIC, D. A. HETTRICK, J. R. KERSTEN, J. P. TESSMER, N. E. FARBER, W. T. SCHMELING u. D. C. WARLTIER (1998):
A novel alpha 2-adrenoceptor antagonist attenuates the early, but preserves the late cardiovascular effects of intravenous dexmedetomidine in conscious dogs.
J Cardiothorac Vasc Anesth 12, 429-434

PAKKANEN, S. A., M. R. RAEKALLIO, A. K. MYKKANEN, K. M. SALLA, A. DE VRIES, L. VUORILEHTO, M. SCHEININ u. O. M. VAINIO (2015):
Detomidine and the combination of detomidine and MK-467, a peripheral alpha-2 adrenoceptor antagonist, as premedication in horses anaesthetized with isoflurane.
Vet Anaesth Analg 42, 527-536

PENDLETON, R. G., R. J. BENDESKY u. P. G. COOK (1986):
Effects of α2-agonists upon colonic propulsion.
Drug Development Research 9, 241-247

PITTNER, A., M. NALOS, P. ASFAR, Y. YANG, C. INCE, M. GEORGIEFF, U. B. BRUCKNER, P. RADERMACHER u. G. FROBA (2003):
Mechanisms of inducible nitric oxide synthase (iNOS) inhibition-related improvement of gut mucosal acidosis during hyperdynamic porcine endotoxemia.
Intensive care med 29, 312-316

PÖPPEL, N., K. HOPSTER, F. GEBUREK u. S. KÄSTNER (2015):
Influence of ketamine or xylazine supplementation on isoflurane anaesthetized horses--a controlled clinical trial.
Vet Anaesth Analg 42, 30-38

PORTIER, K., D. CROUZIER, M. GUICHARDANT, M. PROST, J.-C. DEBOUZY, N. KIRSCHVINK, N. FELLMANN, P. LEKEUX u. J. COUDERT (2009):
Effects of high and low inspired fractions of oxygen on horse erythrocyte membrane properties, blood viscosity and muscle oxygenation during anaesthesia.
Vet Anaesth Analg 36, 287-298

PYPENDOP, B. H. u. J. P. VERSTEGEN (1998):
Hemodynamic effects of medetomidine in the dog: a dose titration study.
Vet Surg: VS 27, 612-622

RAISIS, A. L., K. J. BLISSITT, W. HENLEY, K. ROGERS, V. ADAMS u. L. E. YOUNG (2005):
The effects of halothane and isoflurane on cardiovascular function in laterally recumbent horses.
Br J Anaesth 95, 317-325

RAISIS, A. L., L. E. YOUNG, P. M. TAYLOR, K. P. WALSH u. P. LEKEUX (2000):
Doppler ultrasonography and single-fiber laser Doppler flowmetry for measurement of hind limb blood flow in anesthetized horses.
Am J Vet Res 61, 286-290

REICHERT, C., S. B. KASTNER, K. HOPSTER, K. ROHN u. A. K. ROTTING (2014):
Use of micro-lightguide spectrophotometry for evaluation of microcirculation in the small and large intestines of horses without gastrointestinal disease.
Am J Vet Res 75, 990-996

REZENDE, M. L., K. N. GRIMSRUD, S. D. STANLEY, E. P. STEFFEY u. K. R. MAMA (2015):
Pharmacokinetics and pharmacodynamics of intravenous dexmedetomidine in the horse.
J Vet Pharmacol Ther 38, 15-23

ROLFE, N. G., C. L. KERR u. W. N. MCDONELL (2012):
Cardiopulmonary and sedative effects of the peripheral alpha2-adrenoceptor antagonist MK 0467 administered intravenously or intramuscularly concurrently with medetomidine in dogs.
Am J Vet Res 73, 587-594

ROSS, J., JR. (1976):
Afterload mismatch and preload reserve: a conceptual framework for the analysis of ventricular function.
Prog Cardiovasc Dis 18, 255-264

ROTHENBERGER, J., A. AMR, H. E. SCHALLER u. A. RAHMANIAN-SCHWARZ (2013):
Evaluation of a non-invasive monitoring method for free flap breast reconstruction using laser doppler flowmetrie and tissue spectrophotometry.
Microsurgery 33, 350-357

RUFFOLO JR, R. R., E. L. YADEN u. J. S. WARD (1982):
Receptor interactions of imidazolines influence of ionization constant on the diffusion of clonidine and a series of structurally related imidazolidines into and out of the central nervous system.
Eur J Pharmacoly 81, 367-375

RUFFOLO, R. R., JR., A. J. NICHOLS, J. M. STADEL u. J. P. HIEBLE (1993):
Pharmacologic and therapeutic applications of alpha 2-adrenoceptor subtypes.
Annu Rev Pharmacol Toxicol 33, 243-279

SAGNER, G., F. HOFFMEISTER u. G. KRONEBERG (1968):
Pharmakologische Grundlagen eines neuartigen Präparates für die Analgesie, Sedation und Relaxation in der Veterinärmedizin (Bay VA 1470).
Dtsch Tierarztl Wochenschr 75, 565-572

SAKAMOTO, T., R. A. JONAS, U. A. STOCK, S. HATSUOKA, M. COPE, R. J. SPRINGETT u. G. NOLLERT (2001):
Utility and limitations of near-infrared spectroscopy during cardiopulmonary bypass in a piglet model.
Pediatr Res 49, 770-776

SATO, N., T. KAMADA, M. SHICHIRI, S. KAWANO, H. ABE u. B. HAGIHARA (1979):
Measurement of hemoperfusion and oxygen sufficiency in gastric mucosa in vivo. Evidence of mucosal hypoxia as the cause of hemorrhagic shock-induced gastric mucosal lesion in rats.
Gastroenterology 76, 814-819

SAVOLA, J. M., H. RUSKOAHO, J. PUURUNEN, J. S. SALONEN u. N. T. KÄRKI (1986):
Evidence for medetomidine as a selective and potent agonist α2-adrenoreceptors.
J Auton Pharmacol 6, 275-284

SAVOLA, J. M. u. R. VIRTANEN (1991):
Central alpha 2-adrenoceptors are highly stereoselective for dexmedetomidine, the dextro enantiomer of medetomidine.
Eur J Pharmacol 195, 193-199

SCALIA, S., P. SHARMA, J. RODRIGUEZ, F. ROCHE, F. LUCHETTE, R. CHAMBERS, L. M. FLINT u. S. STEINBERG (1992):
Decreased mesenteric blood flow in experimental multiple organ failure.
J Surg Res 52, 1-5

SCHAFERS, R. F., H. L. ELLIOTT, C. A. HOWIE u. J. L. REID (1992):
A preliminary, clinical pharmacological assessment of L-659,066, a novel alpha 2-adrenoceptor antagonist.
Br J Clin Pharmacol 34, 521-526

SCHEEREN, T. W., K. MARTIN, M. MARUSCHKE u. O. W. HAKENBERG (2011):
Prognostic value of intraoperative renal tissue oxygenation measurement on early renal transplant function.
Transpl Int 24, 687-696

SCHWARTE, L. A., A. FOURNELL, J. VAN BOMMEL u. C. INCE (2005):
Redistribution of intestinal microcirculatory oxygenation during acute hemodilution in pigs.
J Appl Physiol (1985) 98, 1070-1075

SCHWARZ, B., H. HOFSTOTTER, N. SALAK, W. PAJK, H. KNOTZER, A. MAYR, B. LABECK, R. KAFKA, H. ULMER u. W. HASIBEDER (2001):
Effects of norepinephrine and phenylephrine on intestinal oxygen supply and mucosal tissue oxygen tension.
Intensive care med 27, 593-601

SEGAL, S. S. (2005):
Regulation of blood flow in the microcirculation.
Microcirculation12, 33-45

SEIFALIAN, A. M., G. STANSBY, A. JACKSON, K. HOWELL u. G. HAMILTON (1994):
Comparison of laser doppler perfusion imaging, laser doppler flowmetry, and thermographic imaging for assessment of blood flow in human skin.
Eur J Vasc Surg 8, 65-69

SEVERINGHAUS, J. W. u. M. STUPFEL (1957):
Alveolar dead space as an index of distribution of blood flow in pulmonary capillaries.
J Appl Physiol 10, 335-348

SHEPHERD, A. P. (1980):
Intestinal blood flow autoregulation during foodstuff absorption.
Am J Physiol 239, H156-162

SIMSON, P. E., M. A. CIERPIAL, L. E. HEYNEMAN u. J. M. WEISS (1988):
Pertussis toxin blocks the effects of alpha 2-agonists and antagonists on locus coeruleus activity in vivo.
Neurosci Lett 89, 361-366

SINGH, S., S. S. YOUNG, W. N. MCDONELL u. M. O'GRADY (1997):
Modification of cardiopulmonary and intestinal motility effects of xylazine with glycopyrrolate in horses.
Can J Vet Res 61, 99-107

SMITS, G. J., R. J. ROMAN u. J. H. LOMBARD (1985):
Evaluation of laser-Doppler flowmetry as a measure of tissue blood flow.
J Appl Physiol 61, 666-672

STARKE, K., H. MONTEL, W. GAYK u. R. MERKER (1974):
Comparison of the effects of clonidine on pre- and postsynaptic adrenoceptors in the rabbit pulmonary artery. Alpha-sympathomimetic inhibition of Neurogenic vasoconstriction.
Naunyn Schmiedebergs Arch Pharmacol 285, 133-150

STEFFEY, E. P., C. I. DUNLOP, T. B. FARVER, M. J. WOLINER u. L. J. SCHULTZ (1987):
Cardiovascular and respiratory measurements in awake and isoflurane-anesthetized horses.
Am J Vet Res 48, 7-12

STEFFEY, E. P., P. J. PASCOE, M. J. WOLINER u. E. R. BERRYMAN (2000):
Effects of xylazine hydrochloride during isoflurane-induced anesthesia in horses.
Am J Vet Res 61, 1225-1231

STEINBRINK, J., H. WABNITZ, H. OBRIG, A. VILLRINGER u. H. RINNEBERG (2001):
Determining changes in NIR absorption using a layered model of the human head.
Phys Med Biol 46, 879-896

SZEMEREDI, K., R. STULL, I. J. KOPIN u. D. S. GOLDSTEIN (1989):
Effects of a peripherally acting α2-adrenoceptor antagonist (L-659,066) hemodynamics and plasma levels of catechols in conscious rats.
Eur J Pharmacol 170, 53-59

TAKALA, J. (1996):
Determinants of splanchnic blood flow.
Br J Anaesth 77, 50-58

TALKE, P. O., D. L. TRABER, C. A. RICHARDSON, D. D. HARPER u. L. D. TRABER (2000):
The Effect of α2 Agonist-Induced Sedation and Its Reversal with an α2 Antagonist on Organ Blood Flow in Sheep.
Anesth Analg 90, 1060-1066

THOMAS, G. D. u. S. S. SEGAL (2004):
Neural control of muscle blood flow during exercise.
J Appl Physiol (1985)97, 731-738

UHLÉN, S., M. L. PERSSON, L. ALARI, C. POST, K. L. AXELSSON u. J. E. S. WIKBERG (1990):
Antinociceptive Actions of α2-Adrenoceptor Agonists in the Rat Spinal Cord: Evidence for Antinociceptive α2-Adrenoceptor Subtypes and Dissociation of Antinociceptive α2-Adrenoceptors from Cyclic AMP.
J Neurochem 55, 1905-1914

ULLRICH, G. (1984)
Das Blutgefäßsystem des Dünndarms vom Pferd.
Veterinärmedizin und Tierzucht,

VAINIONPAA, M. H., M. R. RAEKALLIO, S. A. PAKKANEN, V. RANTA-PANULA, V. M. RINNE, M. SCHEININ u. O. M. VAINIO (2013):
Plasma drug concentrations and clinical effects of a peripheral alpha-2-adrenoceptor antagonist, MK-467, in horses sedated with detomidine.
Vet Anaesth Analg 40, 257-264

VAN ZWIETEN, P. A., P. B. TIMMERMANS, M. J. THOOLEN, B. WILFFERT u. A. DE JONGE (1986):
Inhibitory effect of calcium antagonist drugs on vasoconstriction induced by vascular alpha 2-adrenoceptor stimulation.
Am J Cardiol 57, 11D-15D

VIRAMONTES, B. E., A. MALCOLM, M. CAMILLERI, L. A. SZARKA, S. MCKINZIE, D. D. BURTON u. A. R. ZINSMEISTER (2001):
Effects of an alpha(2)-adrenergic agonist on gastrointestinal transit, colonic motility, and sensation in humans.
Am J Physiol Gastrointest Liver Physiol 281, G1468-1476

VIRTANEN, R., J. M. SAVOLA u. V. SAANO (1989):
Highly selective and specific antagonism of central and peripheral alpha 2-adrenoceptors by atipamezole.
Arch Int Pharmacodyn Ther 297, 190-204

VIRTANEN, R., J. M. SAVOLA, V. SAANO u. L. NYMAN (1988):
Characterization of the selectivity, specificity and potency of medetomidine as an alpha 2-adrenoceptor agonist.
Eur J Pharmacol 150, 9-14

VON ENGELHARDT, W. u. G. BREVES (2009)
Physiologie der Haustiere.
3. Aufl. Verlag Enke, Stuttgart

WEAVER, B. M., C. E. LUNN u. G. E. STADDON (1984):
Muscle perfusion in the horse.
Equine Vet J 16, 66-68

WRAY, S., M. COPE, D. T. DELPY, J. S. WYATT u. E. O. R. REYNOLDS (1988):
Characterization of the near infrared absorption spectra of cytochrome aa3 and haemoglobin for the non-invasive monitoring of cerebral oxygenation.
Biochim Biophys Acta - Bioenergetics 933, 184-192

YAMASHITA, K., S. TSUBAKISHITA, S. FUTAOK, I. UEDA, H. HAMAGUCHI, T. SENO, S. KATOH, Y. IZUMISAWA, T. KOTANI u. W. W. MUIR (2000):
Cardiovascular effects of medetomidine, detomidine and xylazine in horses.
J Vet Med Sci 62, 1025-1032

ZULLIAN, C., A. MENOZZI, C. POZZOLI, E. POLI u. S. BERTINI (2011):
Effects of alpha2-adrenergic drugs on small intestinal motility in the horse: an in vitro study.
Vet J 187, 342-346

9 Anhang

Anhang 1: Median (25. Perzentil/75. Perzentil) des mittleren arteriellen Blutdrucks (MAP, mmHg), Herzfrequenz (HR, Schläge/Min), Herzminutenvolumen-Index (CI, ml kg^{-1} min^{-1}), Systemische Gefäßwiderstand (SVR, dynes $second^{-1}$ cm^{-5}) zu unterschiedlichen Zeitpunkten; B = Baseline-Messung (Mittelwert der 4 Messungen bevor MK-467 (250 µg kg^{-1}) verabreicht wurde, 110 Minuten nach Narkoseeinleitung); M1-M8 = Messzeitpunkte (Messung 5 (M5), 10 (M10), 20 (M20), 35 (M35), 50 (M50), 65 (M65), 80 (M80) und 95 Minuten (M95) nach dem Ende der MK-467-Applikation); Pferde erhielten Xylazin (X; n = 8) oder Dexmedetomidin (D; n = 7) als Prämedikation (X: 1 mg kg^{-1}; D: 3.5 µg kg^{-1}) und Dauertropfinfusion (X: 0.5 mg kg^{-1} h^{-1}; D: 7 µg kg^{-1} h^{-1}) während der Anästhesie mit Isofluran.

		B		M1		M2		M3		M4		M5		M6		M7		M8	
MAP	X	87	(73/98)	$43^{*\#}$	(34/48)	$47^{*\#}$	(38/58)	$57^{*\#}$	(45/63)	$63^{*\#}$	(53/72)	71^{*}	(59/80)	72^{*}	(62/84)	77	(65/85)	77	(70/87)
	D	73	(66/90)	32°	(29/36))	35°	(33/39)	40°	(39/41)	48°	(45/51)	52°	(48/60)	58°	(52/66)	64°	(60/73)	70	(64/73)
HR	X	29	(28/36)	35	(30/37)	34	(30/36)	33	(30/35)	32	(30/35)	31	(29/35)	31	(29/34)	30	(29/33)	30	(28/33)
	D	31	(28/38)	40°	(35/40)	38°	(31/41)	37	(31/41)	37	(30/39)	37	(30/38)	34	(30/36)	33	(30/35)	30	(29/34)
CI	X	51	(44/57)	$69^{\#}$	(62/74)	$68^{\#}$	(62/77)	$64^{\#}$	(57/77)	$58^{\#}$	(53/73)	$53^{\#}$	(51/66)	50	(49/62)	51	(45/57)	50	(45/56)
	D	50	(44/54)	70	(67/78)	71°	(56/77)	65°	(52/77)	62°	(53/76)	59	(45/71)	55	(39/70)	53	(44/66)	50	(45/60)
SVI	X	1,6	(1,5/1,7)	$2,1^{\#}$	(1,8/2,2)	$2,2^{\#}$	(1,9/2,2)	$2,0^{\#}$	(1,8/2,2)	$1,9^{\#}$	(1,7/2,1)	$1,8^{\#}$	(1,7/1,9)	1,8	(1,6/1,9)	1,7	(1,5/1,7)	1,6	(1,5/1,8)
	D	1,8	(1,4/1,8)	1,9	(1,7/2,1)	2,0°	(1,8/2,1)	1,9°	(1,7/2,1)	1,9°	(1,8/2,0)	1,8°	(1,5/2,0)	1,8	(1,3/1,9)	1,7	(1,5/1,9)	1,7	(1,5/2,0)
SVR	X	275	(200/311)	$86^{*\#}$	(70/125)	$105^{*\#}$	(78/140)	$148^{*\#}$	(82/166)	$171^{*\#}$	(107/199)	$178^{*\#}$	(162/241)	$212^{*\#}$	(194/249)	229^{*}	(208/270)	246^{*}	(217/278)
	D	214	(164/246)	59°	(53/64)	65°	(54/72)	80°	(59/96)	98°	(93/114)	117°	(102/139)	135°	(120/175)	153°	(148/160)	176	(160/198)

signifikanter ($p < 0,05$) Unterschied zum Messzeitpunkt B (Baseline) in Gruppe X,

° signifikanter (p<0,05) Unterschied zum Messzeitpunkt B (Baseline) in Gruppe D,
* signifikanter (p<0,05) Unterschied zwischen den Gruppen

Anhang 2: Manuskript

Effect of dexmedetomidine and xylazine followed by MK-467 on gastrointestinal microperfusion in anaesthetized horses

Liza Wittenberg-Voges*, Sabine B.R. Kästner*, Marja Raekallio+, Outi M. Vainio+, Karl Rohn ‡, Klaus Hopster*

*Clinic for Horses, University of Veterinary Medicine Hannover, Germany.
‡ Department of Biometry, University of Veterinary Medicine Hannover, Germany.

+University of Helsinki, Faculty of Veterinary Medicine, Finland.

Correspondence: Liza Wittenberg-Voges, University of Veterinary Medicine Hannover, Foundation, Bünteweg 9, 30559 Hannover, Germany.
E-mail: liza.wittenberg@googlemail.com

ABSTRACT

Objectives: To compare the effects of MK-467 during isoflurane anaesthesia combined with xylazine or dexmedetomidine on global and gastrointestinal perfusion parameters.

Study design: Prospective, randomized experimental trial.

Animals: 15 warmblood horses.

Methods: Horses were divided into two groups receiving either dexmedetomidine (D) or xylazine (X) for premedication (D: 3.5 µg kg^{-1}; X: 0.5 mg kg^{-1}) and as constant-rate-infusion during isoflurane anaesthesia (D: 7 µg kg^{-1} h^{-1}; X: 1 mg kg^{-1} h^{-1}). During anaesthesia HR, MAP, SVRI and CI were measured. Microperfusion of the colon, jejunum and stomach was measured by Laser-Doppler-flowmetry. After two hours of stabilization horses received MK-467 (250 µg kg^{-1}) and measurements were continued for another 90 minutes. For statistical analysis, the permutation-test and Wilcoxon-rank-sum-test were used ($p < 0.05$).

Results: There were no differences in baseline measurements between groups. The MK-467 bolus resulted in a significant decrease in MAP (D: -58 %; X: -48 %) and SVRI (D: -68 %; X: -65 %) lasting longer in group D (90 minutes) compared to group X (60 minutes). While CI increased (D: +31 %; X: +35 %) microperfusion was reduced in the colon (D: -44 %; X: -34 %), jejunum (D: -26 %; X: -33 %) and stomach (D: -37 %; X: -35 %).

Conclusions and clinical relevance: Alpha-2-agonist induced vasoconstriction was reversed by the MK-467 dose used, resulting in hypotension and rise in CI. Gastrointestinal microperfusion decreased, probably as a result of insufficient perfusion pressure. An infusion rate for MK-467 as well as an ideal agonist/antagonist-ratio should be determined.

Keywords

equine, laser doppler, alpha-2 agonist, alpha-2 antagonist, peripheral perfusion, isoflurane

INTRODUCTION

One of the main goals during general anaesthesia in horses is to maintain adequate tissue perfusion and oxygenation. Whereas impaired muscle perfusion can lead to post anaesthetic myopathy (Serteyn et al. 1988; Branson et al. 1992), a decrease in intestinal perfusion and oxygenation may contribute to post anaesthetic colic.

In equine anaesthesia α_2-adrenoceptor agonists are frequently used for premedication or as part of a balanced protocol during general anaesthesia (Gozalo-Marcilla et al. 2014). Due to their anaesthetic sparing properties, their use can alleviate the negative effects of volatile anaesthetics on the cardiovascular system (Steffey et al. 2000; Gozalo-Marcilla et al. 2013; Poppel et al. 2015). However, they have some side effects such as intestinal hypomotility (Vainionpaa et al. 2013, de Vries et al. 2016), bradycardia, arrhythmia and reduction in cardiac output (Yamashita et al. 2000). Additionally, α_2-adrenoceptor agonists can cause a significant reduction of tissue blood flow in horses during anaesthesia (Edner et al. 2002). This effect is mainly mediated by vasoconstriction due to activation of peripheral α_2-adrenoreceptors (van Zwieten et al. 1986; Asano et al. 1997). The application of medetomidine to sheep resulted in a significant decrease of intestinal blood flow which was reversed by administration of the α_2-adrenoceptor antagonist atipamezole (Talke et al. 2000). However, atipamezole reverses the favoured central effects of α_2-adrenoceptor agonists as sedation and analgesia as well (Talke et al. 2000; Hubbell & Muir 2006).

In contrast to atipamezole, MK-467 is an α_2-adrenoceptor antagonist that passes the blood brain barrier poorly and therefore, mainly acts on peripherally located α_2-adrenoceptors (Clineschmidt et al. 1988). MK-467 did not influence the maximum depth of sedation induced by an α_2-adrenoceptor agonist in horses (Honkavaara et al. 2012; de Vries et al. 2016) but reduced the adverse side effects such as bradycardia, intestinal hypomotility (Vainionpaa et al. 2013; de Vries et al. 2016) and reduced cardiac output (Pakkanen et al. 2015).

The aim of this study was to determine whether antagonising the peripheral effects of xylazine or dexmedetomidine during general anaesthesia will lead to an increase in intestinal tissue perfusion and oxygenation. A secondary aim was to determine if there is a difference between these two α_2-adrenoceptor agonists regarding their effect on intestinal tissue perfusion and oxygenation in anaesthetized horses. Our hypothesis was, that the reversal of the peripheral effects of xylazine or dexmedetomidine by MK-467 would result in a concurrent improvement of global perfusion and gastrointestinal perfusion.

MATERIALS AND METHODS

Animals

Fifteen experimental warmblood horses (six mares, six geldings and three stallions) with a mean (range) age of 7.2 (1 - 24) years and a mean (range) body weight of 531 (412 - 596) kg were used. The horses were considered to be healthy based on clinical examination and routine blood work. Food, but not water, was withheld six hours before anaesthesia. The experimental protocol was reviewed and approved by the Ethical Committee of Lower Saxony (No. 33.14-42502-04-14/1547). All horses were part of a different study for which general anaesthesia of the horses was necessary.

Study design

The study was performed as a prospective, randomised, non-recovery experimental trial. Horses were randomly assigned to two groups (group X, n=8 and group D, n=7) via randomisation list.

Instrumentation

Before anaesthesia catheters were placed in the left jugular vein, the right atrium and the pulmonary artery. The skin over both jugular veins was clipped and aseptically prepared. Skin areas for catheter placement were locally infiltrated with lidocaine (Lidocain 2%, Bela-Pharm GmbH, Germany). One catheter (Intraflon 2, 12 G, Vygon GmbH, France) was placed into the left jugular vein for drug application. Two introducer ports (Exacta ™, 8.5 Fr, Argon Medical Devices Inc., USA) were placed in the right jugular vein. Using these ports, a balloon tipped catheter (Balloon wedge pressure catheter, 7 Fr., 160 cm, Arrow International Inc., USA) was introduced in the right atrium and a Swan-Ganz catheter (Criticath, 7 Fr., 110 cm, Argon Medical Devices Inc., USA) was placed into the pulmonary artery. Pressure curves and transthoracic ultrasound were used to verify correct catheter placement. These catheters were used for measurement of central venous pressure (CVP), pulmonary artery pressure (PAP) and cardiac output (CO).

After induction of anaesthesia a catheter (Venocan PLUS IV Catheter, 20 G, 33 mm, Kruuse A/S, Denmark) was placed in the facial artery for measurement of mean arterial blood pressure (MAP) and for taking blood samples for blood gas analyses.

Fluid-filled, low compliance extension lines were used to connect all catheters to pressure transducers (Argon Safedraw™ Transducer, Argon Medical Devices Inc., USA) which were placed at the level of the right atrium and zeroed to atmospheric pressure.

Anaesthesia

Horses in group X received xylazine (0.5 mg kg^{-1} IV) (Xylavet® 20 mg/ml, CP-Pharma GmbH, Germany) and horses in group D dexmedetomidine (3.5 µg kg^{-1} IV) (Dexdomitor® 0,5 mg/ml, Janssen Cilag GmbH, Germany) for premedication. Anaesthesia was induced with ketamine (2.2 mg kg^{-1} IV) (Narketan® 100 mg/ml, Vétoquinol GmbH, Deutschland) and midazolam (0.05 mg kg^{-1} IV) (Midazolam B. Braun 5 mg/ml, B. Braun Melsungen AG, Germany). After endotracheal intubation horses were placed in dorsal recumbency on a padded surgical table. Anaesthesia was maintained with isoflurane (Isofluran CP®, CP-Pharma GmbH, Germany) in oxygen (100 %) and a constant-rate-infusion of either xylazine (group X: 1 mg kg^{-1} h^{-1} IV) or dexmedetomidine (group D: 7 µg kg^{-1} h^{-1} IV). Expiratory isoflurane concentration was adjusted to 1.1 vol % and depth of anaesthesia was monitored using clinical parameters. All horses were ventilated mechanically (Vet. - Tec. Model JAVC 2000 J.D. Medical Distribution Company, USA) using intermittent positive pressure ventilation (IPPV) with a peak inspiratory pressure (PIP) of 25 cm H_2O. Respiratory rate was adjusted to keep the arterial partial carbon dioxide pressure in ranges of 35 - 45 mmHg (4.7 - 6 kPa). During anaesthesia Ringer's solution (Ringer Ecobag Click, B. Braun Melsungen AG, Germany) was infused at a rate of 10 ml kg^{-1} h^{-1}.

Measurements

Global parameters

During anaesthesia heart rate (HR), MAP, CVP, PAP and end-tidal carbon dioxide tension ($P_{E'}CO_2$) were measured continuously and recorded at set time points (see experimental protocol). At these time points, arterial blood samples were collected and arterial oxygen and carbon dioxide partial pressure (PaO_2 and $PaCO_2$) were measured immediately (AVL995, AVL Medizintechnik, Germany).

Cardiac output (CO) measurements were performed by bolus thermodilution (BTD). A bolus of iced 0.9% sodium chloride solution (1 ml per 15 kg) was injected manually into the right atrium at end-expiration. The temperature of the injectate was measured by an inline temperature probe and the change in blood temperature was registered by a thermistor at the tip of the Swan-Ganz catheter in the pulmonary artery. This thermistor was connected to a CO monitor (Cardiocap/5, Datex-Ohmeda GmbH, Germany) which calculated cardiac output. For every measurement five injections were performed and the average of the three closest values was used for the analysis. For calculation of cardiac index (CI), stroke volume index (SVI), alveolar dead space (alvDS) and systemic vascular resistance index (SVRI) standard equations were used:

$$CI = CO / bwt$$

$$SVI = CI / HR$$

$$SVRI = (MAP - CVP) \times 80 / CI$$

$$alvDS = (P_aCO_2 - P_{E'}CO_2) / P_aCO_2 \times 100$$

bwt = bodyweight of each horse

Tissue perfusion and oxygenation parameters

Measurement of intestinal perfusion and oxygenation were performed using the O2C device as described elsewhere (Reichert et al. 2014). This device combines Laser Doppler and white light spectrophotometry techniques for simultaneous measurement of tissue blood flow (Flow) and tissue oxygen saturation (SO_2). Laser light (830 nm and 30 mW) and white light (20 W, 500-800 nm, 1 nm resolution) were transmitted to the tissue and recollected at the tissue surface after scattering and absorption. By using a charge-coupled device array the optical was converted into an electrical signal. In the current study an O2C-probe with a penetration depth of 2.5 mm was used. The probe was placed on the serosal site of the pelvic flexure of the colon, the jejunum and the stomach. Flow and SO_2 were recorded for 30 seconds at every measuring time point. Before each recording, quality of the laser Doppler signal was evaluated on a monitor so that identification of incorrect probe positioning or movement artefacts was possible.

Experimental protocol

After 45 minutes of anaesthesia a median laparotomy was performed to allow access to the intestinal organs. One hour after induction of anaesthesia measurements were started. Four baseline-measurements (B) were performed for one hour every 15 minutes. Then horses received a bolus of MK-467 (250 µg kg^{-1} IV) over a time of 10 minutes. Parameters were measured 5 (M5), 10 (M10), 20 (M20), 35 (M35), 50 (M50), 65 (M65), 80 (M80) and 95 minutes (M95) after the end of the MK-467 bolus application.

At every measuring time point HR, MAP, CVP, PAP, CO, PaO_2 and $PaCO_2$ were recorded. Furthermore, SVRI, CI and alvDS were calculated. At the same time tissue blood flow and tissue oxygenation were measured.

Afterwards horses were euthanized as being part of another, terminal study.

Statistical analyses

Data was statistically analysed using commercially available software (SAS, version 9.2, SAS Institute, NC, USA; GraphPad PRISM 6, GraphPad Software Inc., USA).

An a priori power analysis was performed with an assumed Type II error $\beta = 0.2$ and Type I error $\alpha = 0.05$ showing that a total number of 6 horses per group were necessary to detect clinical significant changes in intestinal perfusion assuming a standard deviation of 15%.

Values for $p < 0.05$ were considered significant. Data are presented as median and range (min-max). Visual analyses of q-q-plots and Shapiro-Wilks test revealed, that data was not normally distributed. For better comparison, the four baseline values were averaged. Wilcoxon-rank-sum-test was used to compare values of measuring time points M5-M95 to baseline values in each group. For comparison of the two groups the Permutation test was performed.

RESULTS

Cardiovascular variables

The MK-467 application resulted in a significant decrease in MAP. Five minutes after MK-467 (M5) MAP had decreased by 48 % (group X) and 58 % (group D) (Tab. 1).

Furthermore, SVRI was reduced significantly by MK-467 (Tab. 1). At M5 the SVRI had decreased by 65 % and 68 % in group X and D, respectively and was back to baseline level after 80 (group X) and 95 (group D) minutes. In group D, SVRI was significantly lower compared to group X from M5 to M95.

After MK-467 application HR increased in group D. Although this increase is statistically significant, HR was still in the physiological range (Tab.1). Maximum HR was reached 5 minutes after MK-467 application. There were no significant differences between groups.

Cardiac Index increased significantly after MK-467. Values for CI were 35 % (group X) and 31 % (group D) higher at M5 compared to baseline (Tab. 1). For PAP, CVP and alvDS there were no significant changes over time or between groups.

Tissue blood flow and oxygenation

Following MK-467, blood flow was reduced in the colon (group X by 34 %, group D by 44 %), jejunum (group X by 33 %; group D by 26 %) and stomach (group X by 35 %; group D by 37 %) (Figs.1-3). While blood flow was reduced, there were no relevant changes in tissue oxygen saturation (Tab.2). Blood flow recovered to baseline values 35 minutes after MK-467 administration (M35) in both groups. At measuring time point M20 Flow-values were significantly higher in group X than in group D.

DISCUSSION

In the current study the application of MK-467 resulted in substantial hypotension when given during general anaesthesia. Studies in standing horses demonstrated that MK-467 alone had no effect on blood pressure (Bryant et al. 1998; de Vries et al. 2016). It is more likely that the antagonism of peripheral α_2-agonist-effects was responsible for the decrease in MAP. The constant rate infusion of α_2-adrenoceptor agonists during isoflurane anaesthesia leads to an increase in MAP and SVR (Marcilla et al. 2010) and counteracts the vasodilatory effect of isoflurane. The vasoconstriction is initiated by the agonistic effect of these substances on postsynaptic vascular α_2-adrenoceptors. The administration of MK-467 diminished this vasoconstrictive effect by binding to peripherally localised α_2-adrenoceptors

(Clineschmidt et al. 1988), antagonizing the effects of xylazine and dexmedetomidine. However, the reduction of sympathetic tone and thus hypotension mediated by the central alpha 2-adrenoceptors (Savola 1989) remained, because MK-467 poorly passes the blood brain barrier (Clineschmidt et al. 1988). In combination with the vasodilatory properties of isoflurane these effects might have been responsible for the loss of vascular tone and therefore, the decrease in SVRI and blood pressure. A study using MK-467 in combination with detomidine as premedication in horses obtained similar results: After induction of anaesthesia mean blood pressure dropped below 40 mmHg (Pakkanen et al. 2015).

The MAP as well as the SVRI were higher in group X compared to group D reaching statistical significance after MK-467 administration. These differences between groups could be the result of the difference in adrenoceptor selectivity. Dexmedetomidine is a highly selective α_2-adrenoceptor agonist while xylazine is less selective for α_2-adrenoceptors and, to a certain extent, has an effect on α_1-adrenoceptors as well (Virtanen et al. 1988). This effect might be responsible for an increased vessel tone (Langer & Shepperson 1982) and therefore, the higher MAP and SVRI in the xylazine group compared to the dexmedetomidine group. In addition, dexmedetomidine also activates imidazole receptors in the central nervous system which results in a further decrease in blood pressure (Ernsberger et al. 1987)

The HR increased in both groups after the MK-467 bolus. It has already been shown, that MK-467 is able to increase heart rate in horses (de Vries et al. 2016) and that the combination of α_2-adrenoceptor agonists and MK-467 attenuated the bradycardic effect of α_2-adrenoceptor agonists alone (Bryant et al. 1998; Vainionpaa et al. 2013, de Vries et al. 2016).

In both groups, both CI and SVI increased after MK-467 which is consistent to studies in dogs, showing that MK-467 reduces the negative effect of α_2-adrenoceptor agonists on CI (Pagel et al. 1998; Honkavaara et al. 2011). Stroke volume increases with enhanced contractile force of the myocardium or reduced afterload (Chatterjee et al. 1973). In the current study MK-467 decreased SVRI, which results in a reduced afterload followed by an increase in SVI and therefore in CI.

We hypothesised that the reversal of the peripheral effects of xylazine or dexmedetomidine by MK-467 would result in an improvement of intestinal tissue perfusion. However, in contrast to the effects of atipamezole in awake sheep sedated with medetomidine (Talke et al. 2000), in our study antagonizing the peripheral effects of α_2-adrenoceptor agonists with MK-467 during isoflurane anaesthesia did not improve intestinal tissue perfusion but led to a decrease in tissue blood flow.

It is generally accepted that autoregulation of gastrointestinal blood flow is less tight than that of the kidney or brain (Ostman et al. 1985). In horses under anaesthesia, a reduction in intestinal blood flow occurs if MAP or CO decrease below critical values (Hopster et al. 2015; Hopster et al. 2016). One study examining the effects of different isoflurane concentrations on intestinal perfusion in horses showed, that CI values below 50 ml kg^{-1} min^{-1} and MAP below 60 mmHg resulted in a sudden reduction of gastrointestinal blood flow (Hopster et al. 2015). Another study in anaesthetized horses altering cardiovascular performance by high airway pressures showed, that a CI of lower than 37 ml kg^{-1} min^{-1} and a MAP of lower than 52 mmHg resulted in a massive decrease in intestinal perfusion (Hopster et al. 2016).

In our study MK-467 reduced gastrointestinal perfusion as well as MAP. During the MK-467 bolus administration MAP decreased below 50 mmHg in all horses. Although there was a concurrent increase in CI, intestinal blood flow was reduced significantly. It is possible, that the decrease in MAP resulted in a reduction of perfusion pressure below a critical value, so tissue blood flow could not be maintained. Further, this reduction of perfusion pressure in combination with horses being positioned in dorsal recumbency could have led to a mechanical compression of the mesenteric vessels by the weight of the intestinal organs. A study in cats demonstrated that a reduction of intestinal perfusion pressure results in a decrease in tissue blood flow. This effect was even stronger in isoflurane anaesthetized cats (Ostman et al. 1985). Therefore, the intestinal blood flow in our horses was probably compromised by both, the use of isoflurane and MK-467.

In sheep, the combination of medetomidine and atipamezole redistributed blood flow from the brain, heart, and kidney to the skeletal muscle (Talke et al. 2000). In our study, only intestinal blood flow was measured. Therefore, we cannot evaluate the redistribution of the blood flow to other organs. Nevertheless, it is possible that the effects of atipamezole and MK-467 differ due to the substantial disparity in their selectivity to antagonise α_2-adrenoceptors.

Although tissue blood flow decreased after MK-467, there were no relevant changes in tissue oxygenation. During anaesthesia, all horses received 100 % oxygen and were mechanically ventilated. Oxygenation is a balance between oxygen delivery (DO_2) and oxygen consumption (VO_2). If the oxygen content of blood is constant, oxygen delivery is dependent on tissue blood flow (Grum 1993) and reduced blood flow can result in tissue hypoxia (Grum et al. 1984; Neviere et al. 2002). A study on intestinal oxygenation in anaesthetized dogs showed that the critical value was reached after intestinal blood flow was reduced by 60 % (Grum et al. 1984). The maximum decrease of tissue blood flow in our study was 44%. It is possible that this reduction was not severe enough, or that the duration of hypoperfusion was not long enough to cause impaired oxygenation.

Xylazine is a commonly used α_2-adrenoceptor agonist in equine practice (Wagner & Hellyer 2000). The bolus of 0.5 mg kg^{-1} as premedication followed by a constant rate infusion of 1 mg kg^{-1} h^{-1} during anaesthesia resulted in acceptable cardiovascular conditions with reduced isoflurane and dobutamine requirements (Poppel et al. 2015). Dexmedetomidine has a high selectivity for α_2-adrenoceptors (Savola & Virtanen 1991) and is suitable for the use as constant rate infusion (Bettschart-Wolfensberger et al. 2005). A bolus of 3.5 $\mu g\ kg^{-1}$ of dexmedetomidine followed by CRI of 7 $\mu g\ kg^{-1}\ h^{-1}$ has been shown to be equisedative to a bolus of 0.5 $mg\ kg^{-1}$ of xylazine followed by a CRI of 1 $mg\ kg^{-1}$ (Mueller et al. 2012). Therefore, it can be assumed that the doses of dexmedetomidine and xylazine used in this study induced comparable central depressive effects.

In the current study a 250 $\mu g\ kg^{-1}$ bolus of MK-467 was used. In the literature MK-467 has been combined with various α_2-adrenoceptor agonists. A combination of 250 $\mu g\ kg^{-1}$ MK-467 and 10 $\mu g\ kg^{-1}$ detomidine was administered to standing horses without marked side effects. Bradycardia and intestinal hypomotility could be completely prevented (Vainionpaa et al. 2013). In another study 200 $\mu g\ kg^{-1}$ of MK-467 in combination with 80 $\mu g\ kg^{-1}$ of romifidine blunted the effects of romifidine on heart rate and gastrointestinal sounds (de Vries et al. 2016). Therefore, it can be assumed that most peripheral effects of xylazine and dexmedetomidine were antagonised with 250 $\mu g\ kg^{-1}$. However, the combination of detomidine with 200 $\mu g\ kg^{-1}$ of MK-467 for premedication resulted in a marked hypotension and a significantly lower SVR after induction of anaesthesia compared to detomidine alone (Pakkanen et al. 2015) suggesting that the dose of MK-467 may have been too high. On the other hand, in isoflurane anaesthetized dogs even a much lower infusion rate of MK-467 (200 $\mu g\ kg^{-1}\ h^{-1}$) than used in the present study attenuated the effects of medetomidine CRI on heart rate and blood pressure (Kaartinen et al. 2014). Thus, a lower dose of MK-467 might have resulted in more acceptable blood pressures in our study.

In contrast to our hypothesis, antagonising the effects of the peripheral α_2-adrenoceptor agonists with MK-467 did not improve gastrointestinal microperfusion. One reason could be that due to the high dose of MK-467 the improvement of CI by MK-467 was not sufficient to override the effects of the severe hypotension on gastrointestinal microperfusion. However, it is possible that a lower dose of MK-467 or a different agonist-antagonist-ratio resulting in partial reversal of the peripheral α_2-adrenoceptor could avoid the severe, initial hypotension. This could lead to an improvement in peripheral perfusion by maintaining sufficient perfusion pressure while improving CI. Further, we did not use inotropes to maintain blood pressure or CI. Therefore, an improvement of tissue perfusion could be expected with cardiovascular support by dobutamine in a clinical equine anaesthesia setting.

CONCLUSION

In our study antagonizing the peripheral effects of xylazine and dexmedetomidine during general anaesthesia led to an increase in CI but also to severe hypotension and therefore, to a significant decrease of intestinal perfusion in horses. The α_2-adrenoceptor mediated peripheral vasoconstriction could be beneficial by maintaining tissue perfusion pressure. Further studies are necessary to show whether a reduced dose of MK-467 and therefore a partial reversal of the peripheral α_2-effects could lead to an improvement of peripheral perfusion in anaesthetised horses.

LITERATURE

Asano Y, Koehler RC, Kawaguchi T et al. (1997) Pial arteriolar constriction to alpha 2-adrenergic agonist dexmedetomidine in the rat. Am J Physiol 272, H2547-2556.

Bettschart-Wolfensberger R, Freeman SL, Bowen IM et al. (2005) Cardiopulmonary effects and pharmacokinetics of i.v. dexmedetomidine in ponies. Equine Vet J 37, 60-64.

Branson KR, Benson GJ, Thurmon JC et al. (1992) Hemodynamic parameters and tissue oxygenation during halothane anesthesia in normal horses and those experiencing post anesthetic lameness. J Equine Vet Sci 12, 153-159.

Bryant CE, Thompson J, Clarke KW (1998) Characterisation of the cardiovascular pharmacology of medetomidine in the horse and sheep. Res Vet Sci 65, 149-154.

Chatterjee K, Parmley WW, Swan HJ et al. (1973) Beneficial effects of vasodilator agents in severe mitral regurgitation due to dysfunction of subvalvar apparatus. Circulation 48, 684-690.

Clineschmidt BV, Pettibone DJ, Lotti VJ et al. (1988) A peripherally acting alpha-2 adrenoceptor antagonist: L-659,066. J Pharmacol Exp Ther 245, 32-40.

de Vries A, Pakkanen SA, Raekallio MR et al. (2016) Clinical effects and pharmacokinetic variables of romifidine and the peripheral alpha 2-adrenoceptor antagonist MK-467 in horses. Vet Anaesth Analg. 43, 599-610

Edner A, Nyman G, Essén-Gustavsson B (2002) The relationship of muscle perfusion and metabolism with cardiovascular variables before and after detomidine injection during propofol–ketamine anaesthesia in horses. Vet Anaesth Analg 29, 182-199.

Ernsberger P, Meeley MP, Mann JJ et al. (1987) Clonidine binds to imidazole binding sites as well as α2-adrenoceptors in the ventrolateral medulla. Eur J Pharmacol 134, 1-13.

Gozalo-Marcilla M, Gasthuys F, Schauvliege S (2014) Partial intravenous anaesthesia in the horse: a review of intravenous agents used to supplement equine inhalation anaesthesia. Part 2: opioids and alpha-2 adrenoceptor agonists. Vet Anaesth Analg 2, 12196.

Gozalo-Marcilla M, Hopster K, Gasthuys F et al. (2013) Effects of a constant-rate infusion of dexmedetomidine on the minimal alveolar concentration of sevoflurane in ponies. Equine Vet J 45, 204-208.

Grum CM (1993) Tissue oxygenation in low flow states and during hypoxemia. Crit Care Med 21, S44-49.

Grum CM, Fiddian-Green RG, Pittenger GL et al. (1984) Adequacy of tissue oxygenation in intact dog intestine. J Appl Physiol Respir Environ Exerc Physio 56, 1065-1069.

Honkavaara J, Restitutti F, Raekallio M et al. (2012) Influence of MK-467, a peripherally acting alpha2-adrenoceptor antagonist on the disposition of intravenous dexmedetomidine in dogs. Drug Metab Dispos 40, 445-449.

Honkavaara JM, Restitutti F, Raekallio MR et al. (2011) The effects of increasing doses of MK-467, a peripheral alpha(2)-adrenergic receptor antagonist, on the cardiopulmonary effects of intravenous dexmedetomidine in conscious dogs. J Vet Pharmacol Ther 34, 332-337.

Hopster K, Hopster-Iversen C, Geburek F et al. (2015) Temporal and concentration effects of isoflurane anaesthesia on intestinal tissue oxygenation and perfusion in horses. Vet J 205, 62-68.

Hopster K, Muller C, Hopster-Iversen C et al. (2014) Effects of dexmedetomidine and xylazine on cardiovascular function during total intravenous anaesthesia with midazolam and ketamine and recovery quality and duration in horses. Vet Anaesth Analg 41, 25-35.

Hopster K, Wogatzki A, Conze P et al. (2016) Effects of positive end-expiratory pressure titration on intestinal oxygenation and perfusion in isoflurane anaesthetised horses. Equine Vet J. 49, 250–256

Hubbell JA, Muir WW (2006) Antagonism of detomidine sedation in the horse using intravenous tolazoline or atipamezole. Equine Vet J 38, 238-241.

Kaartinen J, del Castillo JR, Salla K et al. (2014) Haemodynamic interactions of medetomidine and the peripheral alpha-2 antagonist MK-467 during step infusions in isoflurane-anaesthetised dogs. Vet J 202, 353-360.

Langer SZ, Shepperson NB (1982) Postjunctional alpha 1-adrenoceptors: preferential innervation of alpha 1-adrenoceptors and the role of neuronal uptake. J Cardiovasc Pharmacol 4 Suppl 1, S8-13.

Marcilla MG, Schauvliege S, Duchateau L et al. (2010) Cardiopulmonary effects of two constant rate infusions of dexmedetomidine in isoflurane anaesthetized ponies. Vet Anaesth Analg 37, 311-321.

Mueller C, Hopster K, Hopster-Iversen C et al. (2012) Elaboration of a xylazine and dexmedetomidine infusion regime which provides a constant level of sedation in horses. Pferdeheilkunde 28, 668-674.

Neviere R, Chagnon JL, Teboul JL et al. (2002) Small intestine intramucosal PCO(2) and microvascular blood flow during hypoxic and ischemic hypoxia. Crit Care Med 30, 379-384.

Ostman M, Biber B, Martner J et al. (1985) Effects of isoflurane on vascular tone and circulatory autoregulation in the feline small intestine. Acta Anaesthesiol Scand 29, 389-394.

Pagel PS, Proctor LT, Devcic A et al. (1998) A novel alpha 2-adrenoceptor antagonist attenuates the early, but preserves the late cardiovascular effects of intravenous dexmedetomidine in conscious dogs. J Cardiothorac Vasc Anesth 12, 429-434.

Pakkanen SA, Raekallio MR, Mykkanen AK et al. (2015) Detomidine and the combination of detomidine and MK-467, a peripheral alpha-2 adrenoceptor antagonist, as premedication in horses anaesthetized with isoflurane. Vet Anaesth Analg 42, 527-536.

Poppel N, Hopster K, Geburek F et al. (2015) Influence of ketamine or xylazine supplementation on isoflurane anaesthetized horses--a controlled clinical trial. Vet Anaesth Analg 42, 30-38.

Reichert C, Kastner SB, Hopster K et al. (2014) Use of micro-lightguide spectrophotometry for evaluation of microcirculation in the small and large intestines of horses without gastrointestinal disease. Am J Vet Res 75, 990-996.

Savola JM (1989) Cardiovascular actions of medetomidine and their reversal by atipamezole. Acta Vet Scand Suppl 85, 39-47.

Savola JM, Virtanen R (1991) Central alpha 2-adrenoceptors are highly stereoselective for dexmedetomidine, the dextro enantiomer of medetomidine. Eur J Pharmacol 195, 193-199.

Serteyn D, Lavergne L, Coppens P et al. (1988) Equine post anaesthetic myositis: muscular post ischaemic hyperaemia measured by laser Doppler flowmetry. Vet Rec 123, 126-128.

Steffey EP, Pascoe PJ, Woliner MJ et al. (2000) Effects of xylazine hydrochloride during isoflurane-induced anesthesia in horses. Am J Vet Res 61, 1225-1231.

Talke PO, Traber DL, Richardson CA et al. (2000) The Effect of α2 Agonist-Induced Sedation and Its Reversal with an α2 Antagonist on Organ Blood Flow in Sheep. Anesth Analg 90, 1060-1066.

Vainionpaa MH, Raekallio MR, Pakkanen SA et al. (2013) Plasma drug concentrations and clinical effects of a peripheral alpha-2-adrenoceptor antagonist, MK-467, in horses sedated with detomidine. Vet Anaesth Analg 40, 257-264.

van Zwieten PA, Timmermans PB, Thoolen MJ et al. (1986) Inhibitory effect of calcium antagonist drugs on vasoconstriction induced by vascular alpha 2-adrenoceptor stimulation. Am J Cardiol 57, 11D-15D.

Virtanen R, Savola JM, Saano V (1989) Highly selective and specific antagonism of central and peripheral alpha 2-adrenoceptors by atipamezole. Arch Int Pharmacodyn The 297, 190-204.

Virtanen R, Savola JM, Saano V et al. (1988) Characterization of the selectivity, specificity and potency of medetomidine as an alpha 2-adrenoceptor agonist. Eur J Pharmacol 150, 9-14.

Wagner AE, Hellyer PW (2000) Survey of anesthesia techniques and concerns in private veterinary practice. J Am Vet Med Assoc 217, 1652-1657.

Yamashita K, Tsubakishita S, Futaok S et al. (2000) Cardiovascular effects of medetomidine, detomidine and xylazine in horses. J Vet Med Sci 62, 1025-1032.

FIGURES AND TABLES

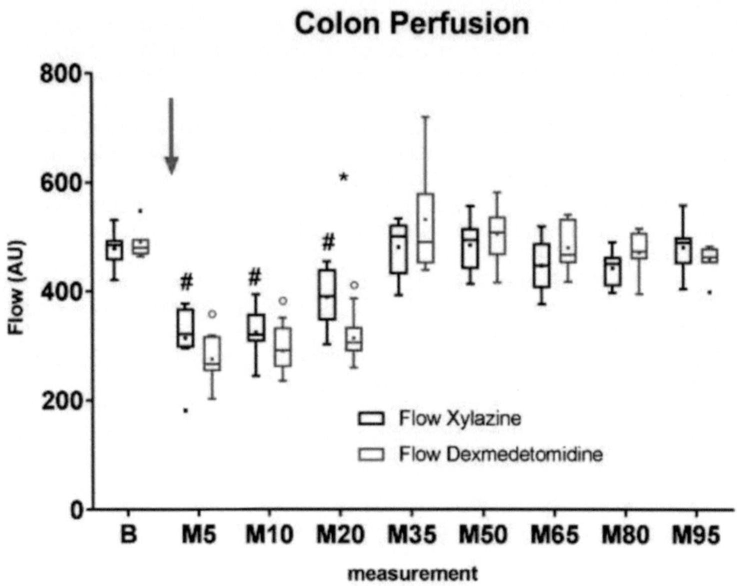

Fig 1: Tissue blood flow (Flow) of the colon at different time points (time point 0: Induction of anaesthesia and start of constant rate infusion; Xylazine 1 mg $kg^{-1}h^{-1}$; Dexmedetomidine 7 µg $kg^{-1}h^{-1}$); B = baseline-measurement (mean of measurements after 60, 75, 90, 105 minutes); Red arrow: MK-467-application (250 µg kg^{-1}) 110 minutes after induction of anaesthesia;

M5-M95 = measuring time points (measurement 5 (M5), 10 (M10), 20 (M20), 35 (M35), 50 (M50), 65 (M65), 80 (M80) and 95 minutes (M95) after the end of MK-467-application); Data presented as Tukey-Box-Plot with median (line) und mean (dot).

* = statistically significant difference between xylazine- and dexmedetomidine;

\# = statistically significant difference to baseline values in xylazine group;

° = statistically significant difference to baseline values in dexmedetomidine group

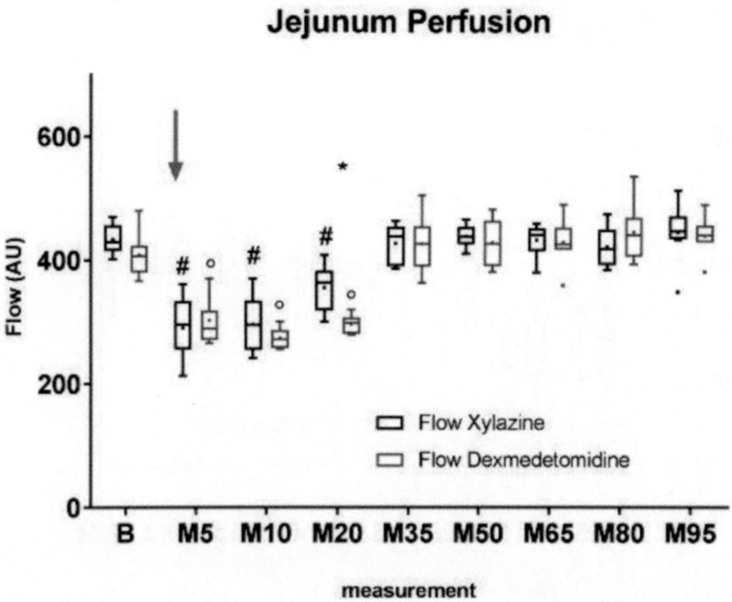

Fig 2: Tissue blood flow (Flow) of the jejunum at different time points (time point 0: Induction of anaesthesia and start of constant rate infusion; Xylazine 1 mg $kg^{-1}h^{-1}$; Dexmedetomidine 7 µg $kg^{-1}h^{-1}$); B = Baseline-measurement (mean of measurements after 60, 75, 90, 105 minutes); red arrow: MK-467-application (250 µg kg^{-1}) 110 minutes after induction of anaesthesia;

M5-M95 = measuring time points (measurement 5 (M5), 10 (M10), 20 (M20), 35 (M35), 50 (M50), 65 (M65), 80 (M80) and 95 minutes (M95) after the end of MK-467-application); Data presented as Tukey-Box-Plot with median (line) und mean (dot).

* = statistically significant Difference between xylazine- and dexmedetomidine;

= statistically significant difference to baseline values in xylazine group;

° = statistically significant difference to baseline values in dexmedetomidine group

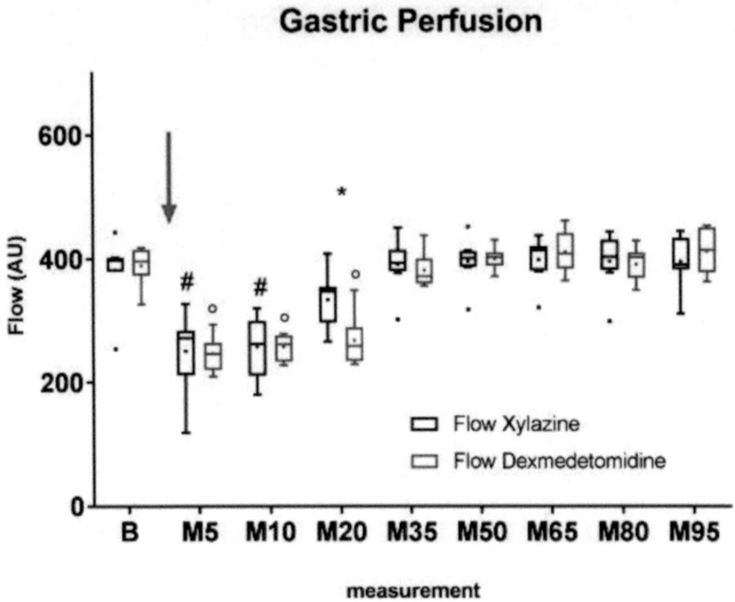

Fig 3: Tissue blood flow (Flow) of the stomach at different time points (time point 0: Induction of anaesthesia and start of constant rate infusion; Xylazine 1 mg $kg^{-1}h^{-1}$; Dexmedetomidine 7 µg $kg^{-1}h^{-1}$); B = baseline-measurement (mean of measurements after 60, 75, 90, 105 minutes); Red arrow: MK-467-application (250 µg kg^{-1}) 110 minutes after induction of anaesthesia;

M5-M95 = measuring time points (measurement 5 (M5), 10 (M10), 20 (M20), 35 (M35), 50 (M50), 65 (M65), 80 (M80) and 95 minutes (M95) after the end of MK-467-application); Data presented as Tukey-Box-Plot with median (line) und mean (dot).

* = statistically significant difference between xylazine- and dexmedetomidine;

= statistically significant difference to baseline values in xylazine group;

° = statistically significant difference to baseline values in dexmedetomidine group

Table 1: Median and range (min-max) of mean arterial blood pressure (MAP, mmHg), heart rate (HR, beats/min), cardiac index (CI, ml kg^{-1} min^{-1}) systemic vascular resistance index (SVRI, dynes $second^{-1}$ cm^{-5} kg^{-1}), at different time points; B = Baseline-measurement (mean of four measurements before MK-467 (250 µg kg^{-1}) was administered 110 minutes after induction of anaesthesia); M5-M95 = measuring time points (measurement 5 (M5), 10 (M10), 20 (M20), 35 (M35), 50 (M50), 65 (M65), 80 (M80) and 95 minutes (M95) after the end of MK-467-application); horses received xylazine (X; n = 8) or dexmedetomidine (D; n = 7) for premedication (X: 1 mg kg^{-1}; D: 3.5 µg kg^{-1}) and constant rate infusion (X: 0.5 mg kg^{-1} h^{-1}; D: 7 µg kg^{-1} h^{-1}) during isoflurane anaesthesia.

		B	M5	M10	M20	M35	M50	M65	M80	M95
MAP	X	87 (58-107)	43*# (30-71)	47*# (35-73)	57*# (33-77)	63*# (38-76)	71* (54-85)	72* (61-87)	77 (61-90)	77 (62-97)
	D	73 (65-91)	32° (28-40)	35° (32-43)	40° (33-50)	48° (44-52)	52° (47-61)	58° (49-69)	64° (53-73)	70 (55-80)
HR	X	29 (28-37)	35 30-42)	34 (30-40)	33 (30-40)	32 (30-39)	31 (29-40)	31 (28-39)	30 (28-39)	30 (28-38)
	D	31 (28-40)	40° (30-41)	38° (30-41)	37 (30-40)	37 (30-39)	37 (29-38)	34 (28-39)	33 (28-37)	30 (28-36)
CI	X	51 (42-60)	69# (59-77)	68# (60-82)	64# (54-82)	58# (50-92)	53# (49-82)	50 (48-76)	51 (44-64)	50 (44-60)
	D	50 (39-66)	70 (27-85)	71° (56-87)	65° (50-82)	62° (48-80)	59 (44-74)	55 (38-71)	53 (38-70)	50 (39-65)
SVI	X	1.6 (1.5-1.9)	2.1# (1.7-2.4)	2.2# (1.8-2.3)	2.0# (1.6-2.3)	1.9# (1.6-1.4)	1.8# (1.6-2.1)	1.8 (1.6-2.0)	1.7 (1.5-1.8)	1.6 (1.5-1.8)
	D	1.8 (1.0-2.0)	1.9 (0.7-2.3)	2.0° (1.5-2.4)	1.9° (1.4-2.1)	1.9° (1.3-2.0)	1.8° (1.2-2.0)	1.8 (1.1-2.0)	1.7 (1.1-2.1)	1.7 (1.2-2.0)
SVRI	X	137 (88-212)	45*# (35-83)	50*# (38-84)	67*# (41-93)	83*# (40-110)	101*# (49-147)	111*# (58-134)	120* (73-150)	128* (83-157)
	D	121 (89-134)	33° (25-71)	33° (26-55)	44° (27-62)	49° (39-65)	59° (50-87)	67° (60-107)	82° (72-120)	95 (80-121)

* = statistically significant difference between xylazine- and dexmedetomidine group;
# = statistically significant difference to baseline values in xylazine group;
° = statistically significant difference to baseline values in dexmedetomidine group

Table 2: Median and range (min-max) of the tissue oxygen saturation (SO_2 in %) of the jejunum, colon and stomach at different time points; B = Baseline-measurement (mean of four measurements before MK-467 (250 µg kg^{-1}) was administered 110 minutes after induction of anaesthesia); M1-M8 = measuring time points (measurement 5 (M5), 10 (M10), 20 (M20), 35 (M35), 50 (M50), 65 (M65), 80 (M80) and 95 minutes (M95) after the end of MK-467-application); horses received xylazine (X; n = 8) or dexmedetomidine (D; n = 7) for premedication (X: 1 mg kg^{-1}; D: 3.5 µg kg^{-1}) and constant rate infusion (X: 0.5 mg kg^{-1} h^{-1}; D: 7 µg kg^{-1} h^{-1}) during isoflurane anaesthesia.

SO_2		B		M5		M10		M20		M35		M50		M65		M80		M95	
Jejunum	X	90	(78-94)	78	(70-95)	84	(73-96)	90	(74-97)	90	(83-96)	90	(82-98)	90	(80-98)	88	(83-93)	88	(88-94)
	D	87	(69-91)	83	(58-89)	82	(80-93)	84	(77-99)	88	(80-95)	86	(74-98)	96	(80-99)	87	(75-96)	92	(81-96)
Colon	X	91	(87-94)	84	(76-92)	85	(77-98)	90	(84-96)	91	(86-95)	90*	(88-95)	90	(79-97)	96	(85-97)	94	(84-95)
	D	90	(89-97)	89	(70-92)	81	(75-96)	89	(71-94)	86	(74-96)	87	(83-91)	90	(81-96))	94	(83-98)	93	(85-97)
Stomach	X	91	(86-97)	86	(76-97)	88	(76-97)	89	(75-97)	91	(85-98)	90	(77-97)	89	(79-98)	87	(76-99)	89	(81-95)
	D	88	(85-94)	83	(79-97)	94	(73-97)	84	(75-99)	93	(86-99)	95	(87-99)	91	(83-96)	94	(86-96)	91	(86-96)

* = statistically significant difference between xylazine- and dexmedetomidine group;

Danksagung

Als erstes möchte ich mich bei Frau Prof. Dr. S. Kästner und Dr. Klaus Hopster für die Vergabe dieses spannenden Themas und die hervorragende wissenschaftliche Betreuung bedanken. Die Durchführung dieser Studie hat mir nicht nur die Möglichkeit gegeben mich fachlich weiter zu entwickeln, sondern auch meine Leidenschaft für das wissenschaftliche Arbeiten geweckt. Vielen Dank für das Vertrauen und die großartige Unterstützung bei der Durchführung dieses Projekts.

Herrn Prof. Dr. K. Feige danke ich für die Erlaubnis zur Durchführung dieser Studie an der Klinik für Pferde und dem gesamten Tierärzte-Team der Klinik für ihre Geduld und Hilfestellung bei kleinen und großen Problemen.

Mein Dank geht besonders auch an die Tierpfleger für die gute Betreuung der Pferde und natürlich an Melli und Katta für die tolle Hilfe während der Versuche beziehungsweise beim Saubermachen hinterher.

Weiterhin möchte ich mich besonders bei Dr. Alexandra Schütter und Dr. Charlotte Hopster-Iversen für die Unterstützung beim frühmorgendlichen Platzieren der Katheter und bei den Messungen der kardiovaskulären Parameter bedanken und bei Dr. K. Rohn für die Hilfestellung bei der Statistik dieser Dissertation.

Sehr dankbar bin ich auch für die Unterstützung durch Dr. O. Vainio und Dr. M. Raekallio aus Helsinki, für die Hilfe beim Beschaffen von MK-467 und die vielen Ratschläge und guten Ideen beim Verfassen des Papers.

Ein großes Dankeschön gilt auch meinen Internship-Kollegen. Vielen Dank für die große Flexibilität und moralische Unterstützung. Ein ganzer besonderer Dank geht allerdings an Julia, die als meine Bürokollegin und Freundin durch alle Höhen und Tiefen mit mir gegangen ist, beruflich oder privat. Vielen Dank dafür!

Der größte Dank gilt meiner Familie. Meinen Eltern und meinen Großeltern, die mich immer grenzenlos unterstützt und an mich geglaubt haben. Ihr seid einfach die Besten!